왜

내 아이만
키우기
어려울까

“신은 모든 곳에 있을 수 없기에 어머니를 만들었다.”

– 유대 속담

왜 내 아이만 키우기 어려울까

단호하지만
사랑을 놓치지 않는
육아

엄윤희 지음

갈대상자

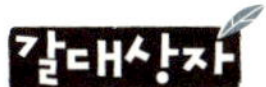

좋은 엄마가 되고자 하는 당신은
이미 좋은 엄마다

지난겨울, 오랜만에 친구들을 만났다. 다들 사는 일이 바빠 일 년에 한 번 만나기도 힘들었다. 독신을 고집했지만 제일 먼저 엄마가 된 친구, 딸 셋을 키우는 것이 목표였으나 아들 셋을 키우게 된 친구, 워킹맘으로 직장일과 가정일을 모두 완벽하게 해내려고 애쓰는 친구, 아이들을 키우느라 자기 꿈은 이미 오래전에 접은 전업주부 친구 등. 비슷한 또래 아이들을 키우는 엄마들이라 대화 주제는 자연스럽게 육아 문제로 흘러갔다. 그런데 다들 육아가 힘든 모양이었다. 저마다 자신의 힘든 육아 경험담을 털어놓으며 하소연을 했다.

"우리 애는 자기가 무슨 따개비인 줄 알아. 내 다리에 딱 달라붙어서 떨어질 줄을 모른다니까. 설거지하고 청소기 밀고 걸레질하는데도 다리를 붙잡은 채 계속 엄마, 엄마 부르면서 말이야.”

“얘, 말도 마. 우리 애는 더 심해. 계속 아기 띠로 업다가 허리 아프면 안다가 하는데, 하루 종일 그렇게 업고 안고 하다 보면 저녁엔 어깨가 다 무너져 내리는 것 같다니까!”

“그런 건 그래도 좀 나아. 최소한 애가 기는 안 죽잖아? 직장일은 바쁘고, 집에도 할 일은 산더미처럼 쌓여 있고, 애는 말 안 듣고, 결국 나만 속 타는 거지. 회사일로 스트레스 받아서 퇴근했는데, 집 안은 난장판이고 애까지 시키는 대로 안 해봐. 그날은 완전 애 잡는 거지. 풀 죽은 모습으로 제 방에 들어가서 한참이 지나도 안 나오기에 들어가봤더니 혼자 훌쩍거리다 잠이 들었는지 얼굴에 눈물자국이 그대로 있더라고. 그런 애 얼굴을 보는데, 괜히 애를 잡았나 싶기도 하고 진짜 속상하더라!”

“너 혼자 동분서주하면서 키우느라 힘들어서 그래. 그럴 때 남편이라도 도와줘봐. 한결 낫지. 하긴 우리 남편도 집안일은커녕 애들하고 30분도 못 놀아주던데 뭘.”

각자 아이를 키우면서 힘들었던 이야기를 하다가 결국 남편에게 원망의 화살이 돌아간다.

“그래도 애들 자는 모습이나 웃는 사진 보고 있으면 참 사랑스럽지 않니? 난 그 힘으로 버틴다!”

한 친구가 휴대폰 배경화면에 저장해놓은 아이들 사진을 흐뭇하게 바라보며 말한다.

"맞아! 어떨 땐 내가 어쩌다 저 녀석들을 낳아서 이 고생인가 싶다가도 한 번씩 예쁜 짓하는 거 보면 이게 행복이지 별거 있나 싶기도 해. 한번은 우리 둘째가 가족 그림을 그리는데, 엄마를 특별히 예쁘게 그려준다면서 머리에 리본도 달고 반지랑 목걸이도 그려주는 거야. 나중에 어른 되면 자기가 직접 사준다면서."

아들만 셋인 친구는 언제 힘들다고 하소연했나 싶게 얼굴에 함박웃음을 띠며 행복해한다.

그렇다. 아이들 키우느라 힘들다고 한숨을 내쉬다가도 아이의 깔깔대는 웃음소리에 그간의 고단함이 눈 녹듯 사라지곤 한다. 이것이 우리네 '엄마'들의 모습이다.

그리스의 시인 소포클레스는 "자녀는 어머니를 삶에 동여매는 닻이다"라고 했다. 그래서 아이를 키우는 일이 마치 거대한 무쇠 닻을 달고 있는 것처럼 버겁기만 한 걸까? 아이를 잘 키우고 싶은 마음이 아이를 사랑하는 마음보다 앞서 눈높이를 맞추지 못할 때가 많다. 돌이켜 생각하면 아무것도 아닌 일로 호통부터 칠 때도 있다. 다른 일로 신경이 예민해져 있을 때 아이가 놀아달라고 하면 바쁘니까 귀찮게 하지 말라며 짜증을 내기도 한다. 그렇다고 마음이 후련해지기는커녕 풀이 죽은 아이를 보며 '내가 너무 심했구나!' 하고 자책하게 된다.

나는 매일 교실에서 아이들과 부대끼며 생활하는 초등교사다. 아이들과 편하게 어울리며 마음을 읽어주려고 노력하지만 내 마음을 온전히 보여주지 못할 때도 많다. 엄마로서 나도 남들처럼 많은 시행착오를 겪었다. 아이를 사랑하는 마음과는 다르게 상처를 준 때도 많았다. 그러면서 반복되는 후회와 반성들. 그 끝에 다시는 잘못을 하지 말아야지, 또다시 다짐하곤 한다. 아이에게 더 좋은 엄마가 되기 위한 몸부림. 이 땅의 엄마라면 누구나 이런 시행착오를 겪으며 살아갈 것이다.

아이에게 좀 더 잘해주지 못한다고 자책할 필요는 없다. 아이만 자라는 것이 아니다. 엄마도 아이와 함께 성장해간다. 자꾸 조바심치며 좋은 엄마가 되기 위해 애쓸 필요도 없다. 엄마는 그저 '엄마'면 된다. 그것으로 충분하다. 선생님도 매니저도 의사도 아닌 온전한 엄마. 아이가 갓 태어났을 때 사랑의 하트를 발사하며 아이를 바라보던 엄마의 눈빛을 기억하면 된다. 애써 훈계하지 않고, 애써 고치려 하지 않고, 아이가 넘어졌을 때 두 팔 벌려 안아주고 다독여주는 엄마의 마음 하나면 족하다. 아이를 믿어주는 따뜻한 말 한마디와 사랑의 눈빛. 그것만이 닫힌 마음을 여는 기적의 열쇠임을 잘 알고 있지 않은가.

이 책을 읽으며 좋은 엄마가 되기 위해 노력하는 당신은 이미 충분히 좋은 엄마다. 아이와 함께 엄마로 '성장'해가는 당신을 힘껏 응원한다.

차 례

제4장
내 아이, 더 크게 더 많이 사랑하라

제5장
기질별·성격별 맞춤 육아법

제 1 장

엄마가
욕심을 버려야
아이가
바로 선다

스스로에게 당당해져라.

죄책감 따위는 휴지통에 던져버리고 아이와 함께하는

지금 이 순간을 행복한 시간으로 채우는 일에만 집중하라.

1

내 아이는 왜 이렇게
키우기 어려울까?

엄마들의 육아 하소연

"언니, 우리 애는 왜 이렇게 말이 느린지 모르겠어요. 언니네 애랑 개월 수가 같잖아요. 근데, 준혁이 서너 마디 할 때 우리 성우는 '엄마'밖에 못하네요. 언제쯤 말문이 트일까요?"

"언니, 재혁이는 이유식 어떻게 먹여요? 재혁이는 뭐든 잘 먹으니 좋겠어요. 우리 지은이는 왜 이렇게 입이 짧은지 몰라요. 기어 다니는 애 따라다니면서 한 숟갈씩 먹여야 한 끼에 겨우 대여섯 숟갈 먹는 게 다예요."

큰아이가 세 살 되던 무렵, 큰아이는 걷게 하고 17개월 늦게 태어난 작은아이는 유모차에 태워서 놀이터에 나갔다. 놀이터는 이미 아이들 뿐만 아니라 엄마들의 집합 장소가 되어 있다. 놀고 있는 아이들을 쫓아다니면서도 조금 여유가 생길 때는 놀이터 벤치에 모여 앉아 엄마들의 육아상담이 시작된다. 서로가 서로에게 내담자가 되었다가 상담자가 되었다가 역할을 바꿔가며 엄마들의 육아 하소연은 끝이 없다.

"언니는 좋겠어요! 준혁이가 잘 크니."

"넌 좋겠다! 남편이 그렇게 잘 도와주니."

"윤서 엄마는 좋겠어! 윤서가 책을 그렇게 좋아한다니."

이야기 주제별로 앞서가는 아이들을 부러워하는 말을 한마디씩 하고 나면 자연스럽게 다른 주제로 넘어간다. 아이의 신체 발육, 영양, 교육 등 여러 가지 이야기들이 오가지만 언제나 엄마들의 한숨 섞인 아이 걱정으로 끝난다.

"우리 애는 잠을 안 자, 잠을. 애가 잠을 자야 내가 집안일이라도 하고 뭐라도 할 텐데, 정말 짜증나고 힘들어!"

이런 푸념 섞인 육아 에피소드와 체험담이 오고간다.

이런 풍경은 아이들이 좀 더 성장해도 달라지지 않는다. 아이가 크면 크는 대로 주제만 달라질 뿐 엄마들의 한숨은 그대로다.

"언니, 준혁이는 한글 뗐다면서요? 좋겠다. 우리 애는 아직도 몰라서 내년에 학교를 어찌 보낼지 걱정이에요."

입학할 때가 되면 아이의 공부가 염려되기 마련이다. 아는 동생이 이렇게 말하면 나는 또 다른 걱정거리로 대답한다.

"서윤이 키가 어쩜 이렇게 크니? 잘 커서 좋겠다, 얘."

키가 작은 아이의 엄마는 아이의 키가 걱정이다. 아이들을 키우면서 주변을 돌아보면 내 옆집 아이가 더 잘 크는 것 같고, 윗집 아이가 뭐든 더 잘하는 것 같고, 아랫집 아이가 더 똑똑해 보이기 마련이다. 내 아이만 힘들게 하는 것 같고, 내 아이만 느린 것 같고, 내 아이만 모자라 보인다. 너나 나나 할 것 없이 엄마들의 눈에는 다 그렇게 보인다. 욕심이 눈을 가려서다. 내 아이를 최고로 키우겠다는 욕심, 내 아이가 무슨 일이든 일등을 해야 한다는 엄마의 욕심이 눈을 가린다. 그래서 남들에게 '네 아이는 잘해서 좋겠다'라는 말이라도 들으면 그나마 그간의 육아 피로가 씻기는 듯하고, 못나 보여서 속상하게 하는 내 자식이 조금은 예뻐 보이고 기특해 보인다.

형제든 자매든 남매든 간에 아이들이 있는 집안은 조용할 때가 없다. 항상 서로 치고받고 싸우고 울고불고 난리도 아니다. 두 녀석이 잘 놀다가도 한 번씩 의견 충돌이 생겨 다투기 시작하면 전쟁터가 따로 없다. 아직은 어려서 몸싸움까지는 아니지만 남자아이들이다 보니 '곧 서로 발차기를 하면서 싸우겠구나' 하는 생각에 마음의 준비를 하게 된다. 서로 싸우는 아이들을 말려야 한다는 생각에 "너희들은 또 왜 그래? 서로 사이좋게 놀 수 없어? 민호는 그렇게 동생을 잘 챙긴다고 하는데, 넌 형이 되어가지고 동생한테 양보도 못해? 또 넌 동생이면서 형한테 왜 대들고 그래!" 이렇게 한바탕 호통을 친다.

아이들 성별에 따라서도 엄마들의 걱정은 끊이지 않는다.

"너희 애들은 딸들이라 참 얌전하게 논다. 난 아들만 둘이잖니. 노는 것도 과격해. 만날 칼싸움만 하자고 하고. 애들하고 칼싸움 몇 번하고 나면 온몸의 기운이 다 빠져나가서 서 있기도 힘들 정도야. 애들이랑 놀아주는 것도 완전 중노동이야!"

"어휴, 과격하게 놀지 않아서 그렇지, 우리 애들도 마찬가지야. 여자 애들이라 매일 소꿉놀이 하자고 하지, 내 화장품 죄다 꺼내서 갖고 놀지. 지난번에 홈쇼핑에서 큰맘먹고 산 비싼 미백크림도 애들이 방바닥에 다 문질러놨잖아. 말도 마. 나도 쉽지 않아."

내 아이가 '에디슨'이었다면?

아들 가진 엄마든 딸 가진 엄마든 나름대로 고충이 다 있다. 아이들이 어리면 어린 대로, 크면 큰 대로 엄마들의 한숨은 끊이질 않는다. '도대체 우리 아이는 왜 이럴까? 내가 태교를 잘못했을까? 어렸을 때 사랑을 충분히 못 줘서 그럴까? 아이들이 왜 이렇게 내 말도 안 듣고 맘대로 안 될까?' 가뜩이나 육아와 살림에 지쳐 피곤한데 이런 회의적인 생각까지 들게 되면 육아가 정말 힘들어진다. 그런데 정말 내 아이만 키우기 어려운 걸까?

발명가 에디슨의 어린 시절 일화는 유명하다. 학교에서 퇴학당한 이야기, 헛간에서 암탉처럼 병아리를 품은 이야기, 기차 화물칸에서 화학

실험을 하다가 불을 내서 한바탕 소동이 벌어진 이야기 등등. 만약 에디슨이 내 아이였다면, 아니 내 아이가 에디슨이었다면 어땠을까? 에디슨의 어머니처럼 끝까지 신뢰하며 응원을 보낼 수 있었을까?

세계적인 베스트셀러 『해리포터』 시리즈로 억만장자가 된 작가 조앤 롤링의 어린 시절은 또 어떠했는가. 수첩 한 권을 꺼내 들고 공동묘지에서 무언가를 열심히 적는 여자아이, 묘지의 비석에 적힌 이름을 보며 그 사람이 어떤 사람이고 뭘 하며 살았을지 쉴 새 없이 머릿속에 그리던 여자아이, 그 아이가 바로 조앤 롤링이었다. 어른이 되어서도 주변 사람들이 아주 산만하고 조금은 모자란 사람으로까지 여긴 그 조앤 롤링이 내 아이였다면 과연 키우기가 쉬웠겠는가.

천재 물리학자 아인슈타인도 어렸을 적 부모님이 걱정을 달고 살기는 마찬가지였다. 아인슈타인은 태어날 때부터 다른 아이들보다 머리가 굉장히 커서 부모가 신체발육을 걱정해야 했다. 그 후로도 두 돌이 지나도록 말을 하지 않았고, 네 살이 되어서야 국을 먹다가 처음으로 '앗, 뜨거워!' 하고 말문을 열 정도였으니 그 부모는 속이 타들어가지 않았겠는가. 또 학교에 들어간 아인슈타인은 선생님 말씀을 제대로 듣지 않고 멍하니 생각에 잠겨 있다가 갑자기 엉뚱한 질문을 던지곤 해서 이상한 아이 취급을 받기도 했다.

영국의 위대한 수상 처칠도 어렸을 때 공부에는 털끝만큼도 관심이 없고 늘 나가서 놀 생각만 해서 부모님의 골치를 썩였다. 학교의 모든 과목에서 성적은 엉망이었고, 들판을 쏘다니며 나비를 쫓아다니거나 두꺼비와 도마뱀 잡는 것을 더 좋아했다. 내 아이가 아인슈타인이나 처칠의 어린 시절과 같다면 과연 어땠을까.

　아이들은 누구나 다 어렵다. 내 아이만 어려운 것이 아니다. 옆집이나 윗집이나 아랫집 할 것 없이 아이들은 제각각 다 어렵다. 단지 내 아이가 못하는 것을 옆집 아이가 할 수 있고, 내 아이에게 아직 채워지지 않은 부분이 윗집 아이에게는 채워져 있고, 내 아이가 늦게 배운 것을 아랫집 아이가 조금 더 빨리 배운 것뿐이다. 그러나 그 옆집 엄마도 자기 아이는 키우기 어렵다고 생각하고, 윗집 엄마도 자기 아이는 교육하기 힘들다고 생각한다. 내 아이만 성격장애인 것처럼 보이고, 사회성이 없는 것 같고, 발달이 느린 것처럼 보이는 것뿐이다. 그러나 다른 아이들 엄마 눈에도 자기 자식은 다 그렇게 보인다. 그러니 너무 심각하게 생각하지 말자. 다른 아이와 비교하는 순간 내 아이만 모자라 보이고 키우기 힘들게 느껴진다.

　엄마로서의 욕심을 버리자. 아이는 원래 키우기 어렵다는 것을 인정하자. 내 아이만이 아니라 모든 아이가 그러려니 하고 받아들이는 순간 비로소 아이가 예뻐 보이고 사랑스럽게 느껴지기 시작한다.

2

아이와 함께
자라가는 것이 육아다

육아 문제로 고통받는 엄마들

아이를 키우는 엄마라면 누구나 육아가 힘들다고 말한다. 문득 '육아 문제로 힘들어하는 엄마가 얼마나 될까?' 하는 호기심이 생겨 네이버 검색창에 '육아가 힘들어요'라는 문구로 검색해보았다. 놀랍게도 인터넷 카페나 블로그 등에 수많은 사연이 올라와 있었다. 인터넷 카페에 올라온 글이 대략 3,500여 건, 블로그에 올라온 글도 4,500여 건이나 되었다. 온라인에 육아의 어려움을 하소연한 글만 이 정도이니 사연을 올리지 않은 엄마들까지 포함하면 실제로 육아 문제로 고통받는 엄마의 수는 수십 배 더 많을 것이다.

육아가 힘들게 느껴지는 순간이 있다. 눈에 넣어도 아프지 않을 것만 같던 아이가 언제부턴가 예뻐 보이지 않고 매사에 의욕이 없거나 특별한 이유도 없이 화가 치밀기도 한다. '왜 나만 이렇게 힘들게 살아야 하나', '남편은 뭐 하고 있나', '애는 나 혼자만 낳았나' 하는 생각에 억울한 마음도 생긴다. 그러다가도 애가 무슨 잘못이 있나, 싶은 마음에 모성애가 부족해서 그런 건 아닌지, 나쁜 엄마는 아닌지 스스로를 꾸짖기도 한다. 이런 상황이 지속되면 엄마는 현실을 비관하게 되거나 우울과 무기력에 빠져 정상적인 생활을 하기 어려워진다.

유치원 교사로 일하는 친구 P가 있다. 바빠서 자주 못 보다가 오랜만에 아이들과 함께 P를 만났다. 나는 초등학교 교사이고 P는 유치원 교사이므로 '아이 양육 문제에 있어서만은 P가 나보다 훨씬 낫지 않을까' 생각해왔다. 화제가 자연스럽게 아이 키우는 문제로 옮아갔다.

"얘, 말도 마. 유치원 선생이라고 별 거 있는 줄 아니? 물론 일반 엄마들보다야 배운 것이 있고 들은 것이 있으니 조금은 나을 수도 있겠지. 그런데 막상 애가 일 저지르고 나면 소리부터 지르게 되더라. 나도 똑같은 엄마고 사람이야. 나도 내가 이럴 줄 몰랐지."

나 역시 마찬가지다. 심지어 아동교육전문가라 할지라도 자신의 아이를 낳고 키우는 문제로 들어가면 결코 녹록하지 않다. 나도 출산 전에는 태교도 열심히 하고 수십 권의 육아서를 정독하며 아이를 잘 키워보겠다는 각오가 대단했다. 그러나 막상 아이를 낳아 기르다 보니 막연히 생각하던 것과는 달라도 너무 달랐다. 갓난아기 때는 갓난아기 때대로, 좀 더 자라서는 자라서대로 매사가 의도한 대로 되지 않았고 아이와 나 자신에 대한 실망과 좌절도 컸다. 자연스럽게 몸도 마음도 힘들어지고 그런 일이 반복되다 보니 육아 우울증까지 찾아왔다.

아이가 젖먹이였을 때는 '제발 잠 좀 푹 자면 소원이 없겠다', '매운 낙지볶음이나 실컷 먹어봤으면', '도대체 언제까지 애를 업고 서서 밥을 먹어야 하는 거야!', '언제까지 물에 밥을 말아서 후루룩 들이마셔야 되냐고!'……. 이런 하소연을 했다. 젖몸살을 하느라 가슴이 터질 듯 부풀어 올라 만지지도 못할 만큼 아플 때가 한두 번이 아니었고, 가슴에 젖이 도느라 생긴 찌릿찌릿한 통증을 참으며 수업을 해야 할 때도 많았다. 수업이 없는 시간에는 보건실에 가서 유축을 해야 했다.

아이가 돌이 지나고 걸음마를 배우면서 온 집 안이 난장판이 되곤 했다. 두루마리 화장지를 죄다 풀어놓고 뒹굴거나, 입에 넣고 질겅질겅 씹는 게 예삿일이었고, 싱크대 안에서 냄비란 냄비는 죄다 꺼내 놓아 난장판을 만들었다. 로션이나 크림도 남아나지 않았다. 손에 잡히는 것은 무엇이든 일단 입으로 들어갔다. 밀린 집안일 좀 하려고 보행기에 앉혀놨더니 죽죽 밀고 가서 거실장 위에 있는 물건들을 바닥에 다 떨어트려 깨트린 일도 한두 번이 아니었다. 오히려 업고 다닐 때가 편하다고 느낄 정도였다.

아이가 말을 배우면서 자기표현을 할 줄 알게 되자 엄마 말은 듣지 않고 "싫어", "안 해" 하며 제 말만 하기 시작했다. 외출할 때 자동차 뒷좌석에 설치한 카시트에 아이를 앉혀놨는데, 주행 중 안전띠를 풀고 뒷문 손잡이를 잡아당겨 문을 열 뻔한 아찔한 순간도 있었다. 아이는 항상 자기와 놀아달라며 놀이터에 끌고 나가고, 집 안에서도 자동차와 로봇을 가져와 놀아달라며 보챘다. 나도 사람인데 도대체 언제 쉬란 말인가. 심신의 피곤함과 짜증은 수시로 남편에게 향하고 부부싸움도 잦아졌다. 교육전문가인 나도 이렇게 육아가 어려웠다.

어렵지 않은 육아는 없다

아이를 낳으면 자연스레 엄마가 된다. 아이에 대한 엄마의 사랑, 즉 모성애는 타고나는 것이다. 그러나 모성애와 육아는 별개의 문제다. 부모교육 주치의 임서영은 『엄마 3년, 다시 여자를 준비할 시간』에서 "모성은 본능이며 육아는 학습이다"라고 말한다. "공부에 왕도가 없다"는 말처럼 육아도 학습이므로 왕도가 없다. 실수와 실패를 반복하면서 끊임없이 노력하는 게 최선이다.

큰아이 키울 때 다르고 둘째아이 키울 때 다르다. 셋째, 넷째아이도 마찬가지다. 한 배에서 나왔어도 아롱이다롱이라고 하지 않는가. 아이마다 제각각 다르기 때문에 육아는 매번 어렵고 힘들 수밖에 없다. 그러니 처음 애를 낳아 엄마가 된 초보 엄마에게 육아가 힘들고 어려운 것은 당연하다. 탁월한 육아전문가조차 자신이 완벽한 엄마라고 자신 있게 말하지는 못할 것이다.

세상에 어렵지 않은 육아는 없다. 완벽한 부모도 존재하지 않는다. "오늘 더 사랑해"라는 말로 사랑과 행복 육아를 실천하는 대한민국 대표 엄마이자 유명 탤런트인 정혜영에게도 네 명의 아이를 키우기란 말처럼 쉬운 일이 아니다. 아직 어린아이들을 네 명씩이나 돌보느라 온종일을 쏟아 부어야 하기 때문이다. 이 아이를 돌보다 보면 저 아이를 챙겨야 하고, 저 아이를 챙기다 보면 또 다른 아이를 보살펴야 한다. 새벽 6시부터 시작해서 아이들을 재우는 저녁 8시 반쯤 마치는 하루 일과, 아이들을 재우다가 엄마가 먼저 잠들 때가 부지기수다. 이렇게 아이들을 돌보다 보면 정신없이 하루가 지나가고 잠시도 여유로운 시간이 없고 매일매일이 너무 바쁘다고 토로한다.

눈이 펑펑 쏟아지는 겨울 어느 날에는 언덕 위에 위치한 집 앞에 어린이집 차량이 들어올 수 없어 큰 길 앞까지 내려간 일도 있었다. 어른 걸음으로 15분밖에 안 되는 거리를 버스에서 내린 막내와 함께 40분 남짓 발이 푹푹 빠지는 눈길을 걸어 올라가야 했다. 집에 거의 다 왔을 무렵, 셋째아이가 탄 유치원 차량이 도착한다는 전화를 받고 또다시 막내를 업고 내려갔다. 셋째와 막내를 데리고 눈길을 올라오는데, 다시 둘째아이가 유치원을 마쳤다는 전화를 받았다. 아이 셋과 함께 올라오는데, 결국 첫째까지……. 눈길에 바퀴가 휙휙 돌아가는 유모차에 아이 하나를 태우고, 다른 한 명은 업고, 둘은 손잡고 걷게 하면서 아이 네 명의 하원을 거의 두 시간여 만에야 겨우 마칠 수 있었다. 이날은 너무 힘들어서 눈물이 났다고 했다. 아이들이 있어 더 행복하지만 혼내야 할 상황에서는 어쩔 수 없이 큰 소리를 낸다며 자신도 어쩔 수 없는 평범한 엄마임을 고백한다.

'다른 엄마들은 다 아이를 수월하게 키우는 것처럼 보이는데, 왜 나만 이렇게 힘들까?' 하고 자책하며 괴로워할 수도 있다. 그러나 그렇지 않다. 나만 힘든 것이 아니다. 육아를 식은 죽 먹기로, 100퍼센트 완벽하게 해내는 엄마는 이 세상에 없다. 육아 스트레스에 시달리게 되는 이유는 엄마로서의 능력이 부족해서가 아니다. 한 아이를 키우는 일이 그만큼 육체적, 정신적, 정서적으로 녹록지 않은 일이기 때문이다. 그러나 힘들고 고통스러운 만큼 가치 있는 일이라는 것을 알아야 한다. 그래야 완벽한 엄마가 되기 위해 지나친 욕심을 부리며 스스로를 괴롭히는 강박증도 내려놓을 수 있다.

육아는 누구에게나 힘들다. 모성본능과는 별개로 육아는 아이와 직접 맞닥트리는 실전이다. 수많은 육아책을 섭렵해서 다양한 육아법에 통달한 엄마라 할지라도 수시로 나타나는 아이의 돌발 행동에 대한 정답을 바로바로 내놓기는 사실상 불가능하다. 완벽한 엄마가 되겠다는 욕심, 내 아이를 최고로 키우겠다는 욕심을 내려놓고 실수와 경험을 통해 배우면서 차츰 진짜 엄마가 되어가겠다는 마음으로 육아에 임해야 한다. 아이가 나를 키우고, 아이와 함께 나도 자라간다고 생각하며 마음을 비워야 한다.

3

아이와 입장 바꿔 생각하기가
육아의 첫 단추다

아이의 눈으로 세상 보기

"선생님, 애가 통 말을 안 듣네요. 제 자식인데 맘대로 안 되니 너무 속상해요."

학부모들과 상담하다 보면 이런 말을 자주 듣는다.

"숙제 먼저 하라고 하는데, 친구랑 놀이터에서 놀고 와서 한다고 하지를 않나, 책 좀 읽으라고 하면 나중에, 나중에 하면서 뺀질거려요. 이제 겨우 여덟 살인데, 벌써 저러니 걱정이에요. 요즘 애들은 왜 저런지……. 어떨 땐 애들이 제 머리 꼭대기에 앉아 있는 기분이에요. 무슨 말 한마디만 하면 말대꾸를 열 마디는 하는 것 같아요."

한숨 섞인 하소연 끝에 "선생님 아이들은 말 잘 듣지요?" 하고 질문하는 학부모도 있다. 천만의 말씀, 내 아이도 내 맘대로 안 될 때가 많다. 가지고 놀았던 장난감 좀 정리하라고 소리 지르며 아무리 잔소리를 해도 들은 척도 안 하고 어느새 다른 놀이에 빠져 거실 전체를 발 디딜 틈 없게 만들어 놓곤 한다. 밥상 다 차려 놓고 밥 먹자고 여러 번 불러도 바로 달려올 때가 거의 없다. 그뿐인가. 잠자기 전 양치질 한 번 하려면 최소 10분 정도는 실랑이를 해야 한다.

한데 유심히 살펴보면 다섯 살, 일곱 살 꼬마 아이들도 제 나름대로 이유가 있어서 그렇게 한다는 것을 알 수 있다. 예를 들어 블록을 갖고 놀다가 자연스럽게 역할놀이로 발전한다든가, 원반 매트를 바닥에 늘어 놓고 징검다리 건너기 놀이를 하다가 유치원 체육수업 놀이로 바꾸는 식이다. 그렇게 꼬리에 꼬리를 물고 새로운 놀이를 만들어내며 놀다 보니 자연스럽게 거실 전체가 온갖 장난감과 도구들로 가득 차 발 디딜 틈이 없어진다. 양치질 때문에 실랑이를 벌이는 문제도 마찬가지다. 한창 뭔가 재미있는 놀이에 빠져 있는데, 엄마가 잠자는 시간에 쫓겨 갑자기 양치질을 하자고 하면 아이의 입장에서는 싫을 수밖에 없다.

그렇다. 엄마가 아이와 입장을 바꿔 생각할 수만 있다면, 즉 아이의 입장에 서서 상황을 볼 수만 있다면 대부분의 육아 문제는 더 이상 문제가 되지 않거나 사소한 문제로 바뀐다. 그러나 나도 안다. '입장 바꿔 생각하기'가 말처럼 그렇게 쉬운 일이 아니라는 것을. 나부터도 그게 잘 안 되니까. 오죽하면 "개구리 올챙이 적 생각 못한다"라는 속담까지 있겠는가. 그럼에도 '개구리'는 '올챙이' 적 기억을 떠올려보려고 끊임없이 노력해야 한다. 올챙이 입장에 서보려고 애써야 한다. 그래야만 어렵고 복잡한 육아라는 퍼즐조각이 맞춰지기 시작한다.

어린 시절, 아빠는 약간 엄한 편인 데다 원칙주의자셨다. 언젠가 저녁식사 시간에 있었던 일이다. 파를 싫어해서 일일이 가려내곤 했던 내게 아빠가 엄한 목소리로 말씀하셨다.

"편식하지 말고 골고루 잘 먹어야 뼈도 튼튼해지고 키도 크고 건강해지는 거야. 국에 들어간 파도 잘 먹어야 해."

아빠를 조금 무서워했던 나는 양념으로 국에 들어간 대파의 하얀 머리 부분을 마지못해 억지로 삼켰다가 토해버렸다. 이후 그 일은 내게 작은 트라우마가 되어 오랫동안 대파는 일절 입에 대지 않았다. 그러다가 어른이 된 뒤에야 내 손으로 직접 음식을 만들어 먹으면서 그 맛을 알게 되었고 비로소 먹을 수 있게 되었다. 이런 경험을 가진 내가 내 아이에게 또다시 엄한 아빠처럼 '억지로 파 먹이는 일'을 끊임없이 반복하고 있는 것이다.

'슈드비 콤플렉스'의 함정에서 벗어나라

자식 일이 부모 마음대로 안 되는 것은 어쩌면 당연한 일이다. 초등학교 교사로 늘 아이들과 함께 부대끼며 생활하는 나 또한 엄마로서 내 마음대로 안 되는 것이 바로 자식 문제다. 그러나 달리 생각해보면 아이가 내 뜻대로 안 되는 것은 이상한 일이 아니다. 아무리 내 배 아파 낳은 자식이라 해도 사람은 누구나 엄연한 독립 인격체이기 때문이다. 설령 부모라 할지라도 자기 마음대로 아이의 생각을 통제하거나 인생을 좌지우지할 권리는 없다. 또 아무리 어려도 아이는 자기 나름의 생각이 있기 마련이다. 아이가 자기 마음대로 안 된다고 속상해하는 것 자체가 그 아이를 독립 인격체로 보지 않고 자신의 소유물로 여긴다는 의미다. 이런 차원에서 팀 버턴과 스티븐 코비의 사례는 시사점을 던져 준다.

영화 〈비틀주스〉, 〈찰리와 초콜릿 공장〉으로 유명한 세계적인 영화감독 팀 버턴의 어린 시절은 자식을 소유물로 여기는 부모 때문에 불행했다. 미국 마이너리그의 야구선수였던 아버지는 팀 버턴이 훌륭한 야구선수가 되기를 원했고, 음악을 좋아하는 어머니는 악기를 가르치는 일에만 열중했다. 그러나 팀 버턴은 둘 다 하고 싶지 않았다. 그러자 부모님은 뜻대로 움직여주지 않는 자식을 따뜻하게 대해주지 않았다. 그런 터라 팀 버턴은 어린 시절을 무척이나 외롭게 지내야 했다. 그러나 그는 부모의 뜻을 거스르면서까지 자신의 뜻을 확고히 세우고 뚝심 있게 실행해 나갔다. 오늘날 이름만 대면 누구나 다 아는 세계적인 영화감독은 그렇게 탄생했다.

전 세계적인 베스트셀러이자 스테디셀러인 『성공하는 사람들의 일곱 가지 습관』의 저자 스티븐 코비에게는 학교에 잘 적응하지 못하고 성적도 좋지 않은 데다 아이들과 잘 어울리지도 못하는 아들이 있었다. 코비 부부는 자신감 부족으로 인한 부적응으로 판단하고 아들의 자신감을 길러주기 위해 다양한 시도를 했다. 그러나 온갖 시도들에도 불구하고, 아니 오히려 그 시도들 때문에 아들의 상황은 더욱 악화되어만 갔다.

이런 시행착오를 거치면서 코비 부부는 진짜 문제는 아들에게 있는 것이 아니라 자신들에게 있는 것은 아닌지 진지하게 돌아보게 되었다. 이런 반성과 깨달음은 코비 부부와 아들을 모두 크게 변화시켰다. 그들은 조금 더디더라도 아들이 자신의 잠재력을 스스로 발견하고 계발해갈 수 있도록 내버려두는 것이 최선이라는 결론에 도달했다. 그리고 결국 그 생각이 맞다는 것이 오래 지나지 않아 판명되었다. 성적이 눈에 띄게 향상된 것은 말할 것도 없고 친구들과 스스럼없이 어울리며 자신감 넘치는 아이로 변화해갔던 것이다.

요즘은 자녀 수가 적어서인지 엄마들이 자식을 자기 뜻대로 이끌려는 경향이 더 짙어졌다. 왜 그럴까? 아이를 완벽하게 키우겠다는 '슈드비 콤플렉스 *Should-be Complex*' 때문이다. 슈드비 콤플렉스란 말 그대로 '반드시 ~해야 한다'라는 일종의 강박관념이나 노이로제 증상을 의미하는 심리학 용어다. 이 용어가 육아 문제에 적용되면 자기 자신에 대한 강박증이나 노이로제가 아이에게로 확장되어 무슨 일이든 아이의 의향과 상관없이 엄마가 의도하는 대로 해야 하거나 엄마의 지시를 따라야 한다. 그렇게 성장한 아이가 스스로 생각하고, 판단하고, 문제를 해결하는 능력을 기를 수 있겠는가!

내가 아는 분 중에 현직 대학교수가 있는데, 그가 우스갯소리라며 들려준 웃지 못할 이야기가 있다. 자신이 가르치는 학생 중에서 새 학기 수강신청을 엄마가 직접 와서 하는 경우가 있었다고 한다. 더 심한 경우는 1학년 학생 중 한 명이 점심시간에 "엄마, 나 점심 뭐 먹을까?" 하며 엄마와 전화 통화하는 모습을 목격한 일도 있었다고 한다. 또 4학년 마지막 학기에 취업 준비 지도를 하는데, 학부모가 교수실에 전화를 걸어 구체적으로 어떤 자격증을 준비해야 하는지 물어보기도 했다는 것이다. '헬리콥터 맘'이나 '캥거루족' 같은 신조어를 말로만 들었는데, 실제로 그런 일을 목격하고 나니 참 기가 막히고 한심해서 말이 안 나오더라며 혀를 끌끌 찼다.

문화적인 차이 때문인지 우리나라 엄마들은 서양 엄마들에 비해 아이들과 정서적 독립이 잘 되지 않는 편이다. 아이에게 쏟는 엄마의 정성과 노력이 상대적으로 큰 만큼 본전 생각이 나기 쉽고, 최고의 인재로 키우겠다는 욕심 때문에 아이의 인생을 자기 마음대로 휘두르려 하거나 심지어 자신의 소유물이라도 되는 것처럼 착각하는 경우가 적지 않다. '아이는 아직 어리고, 나는 어른이니 내가 하는 생각과 선택이 모두 옳다'라는 착각과 자만심 때문에 아이에게 일방적으로 자신의 뜻을 강요하기도 한다.

아이가 엄마의 뜻을 따르지 않는 것은 엄마를 무시해서가 아니다. 자기 나름의 생각이 있기 때문이다. 물론 어릴 때는 생각이 미숙할 수밖에 없고 제대로 여물지 않아 부모가 옆에서 조언해주거나 도와줘야 할 수도 있다. 그러나 그런 경우라 하더라도 어디까지나 조언에 머물러야 하고 아이 스스로 판단하고 결정할 수 있도록 배려해주어야 한다. 또 대략적인 방향을 제시해주는 선에서 그쳐야지 절대로 세부적인 내용까지 간섭하거나 좌지우지하려 해서는 안 된다. 아이의 생각을 무시한 채 자신의 뜻만을 일방적으로 강요하는 방식이 되어서는 곤란하다. 아이는 엄마의 꼭두각시나 로봇이 아니다. 스스로 생각하고, 판단하고, 방향을 결정할 줄 아는 독립 인격체임을 잊어서는 안 된다.

4

누구도 내 아이의 인생을
대신해줄 수 없다

아이를 최고로 만드는 일에 목숨 건 엄마들

먹고 살기 힘들고 집집마다 자식도 대여섯 명씩 낳아 키우던 옛날과 달리 요즘은 그야말로 모든 게 풍족한 시대다. 생활수준은 높아진 데 반해 자녀의 수는 눈에 띄게 줄어들어 많이 낳아봐야 평균 가정 당 두 명을 넘지 않는다. 그래서인지 요즘 엄마들은 누구나 자기 자녀를 최고로 키우는 일에 목숨 건 사람들처럼 보인다.

이런 추세다 보니 요즘 엄마들은 '하나밖에 없는 내 아이니까 이 정도는 해줘야지'라며 스스로를 고단하게 만든다. 예를 들면 이런 식이다. 임신 기간 동안 하루 종일 클래식을 듣고, 수시로 미술관을 찾아가 명

화를 감상하고, 아기의 두뇌 발달을 위해 영어나 자기계발 CD를 듣는다. 좋은 것만 봐야 한다며 거실과 침실에 값비싼 그림을 걸어두고, 지금까지 멀쩡히 사용해온 그릇도 몽땅 버린 다음 훨씬 더 고급스럽고 디자인이 예쁜 걸로 바꾼다. 낮은 음성이 아기의 정서에 좋다는 말에 태아 전용 마이크로 잠자기 전 아빠의 태담도 들려준다. 아기가 태어나면 젖꼭지가 갈라지는 아픔을 참아가며 모유 수유를 하고 유기농 재료로 이유식을 만들어 먹인다. 아이의 발육과 성장에 도움이 되는 명품 발육 도구들을 망설임 없이 구입하고, 아이의 발달 단계에 맞춰 적절한 자극을 주기 위해 생후 6개월부터 문화센터에도 다닌다.

그뿐만이 아니다. 아이의 두뇌계발과 창의력 향상에 도움이 된다는 수백만 원짜리 학습교구도 척척 구입한다. 형편이 안 받쳐주면 12개월 카드 할부를 해서라도 기어이 집에 들여놓고 수시로 아이에게 들이 댄다. 바야흐로 '명품육아'라는 말까지 대중화되는 세상을 우리는 살고 있다. 내 아이가 옆집 아이에게 뒤지는 걸 용납할 수 없다는 심정으로 '치킨게임'에 가까운 살벌한 경쟁을 벌이는 시대인 것이다.

그러나 문제는 투자가 많아지는 만큼 기대가 커지고, 기대가 큰 만큼 실망하기도 쉽다는 데 있다. 돈이 들어가는 순간부터 엄마의 욕심과 기대는 그만큼 커질 수밖에 없고, 아이를 대하는 태도 또한 근본적으로 바뀌게 된다.

"너, 이게 얼마짜리인데 안 갖고 노는 거야?"

"이거 엄청 비싸게 산 전집이니까 여러 번 읽어야 해."

장난감 자동차를 갖고 잘 노는 아이에게 다가가 그걸 빼앗고 억지로 그림책을 들이밀며 책을 읽자고 한다. 그러나 엄마의 욕심이 담긴 교구는 제아무리 정교하고 뛰어나다 해도 더 이상 놀이도구가 아니다. 그것은 학습도구가 되고 공부 요소가 되어 아이는 금세 거부감을 보이기 십상이다. 단순한 장난감이 아니라는 것을 본능적으로 알기 때문이다. '이걸 갖고 놀면서 창의성을 길러야 해!'라는 엄마의 사심을 기가 막히게 눈치 채는 까닭이다. 그 순간, 역설적으로 아이는 순수한 호기심을 잃게 되고 창의성의 싹은 오히려 시들어버리고 만다.

이른바 '엄마표 학습'을 못해서 아이가 교구를 제대로 활용하지 못하나 싶어 비싼 돈 들여가며 전문 강사까지 섭외해 홈스쿨링을 시켜보지만 결과는 마찬가지다. 그렇게 강요된 학습도구나 창의력 교구들은 방 한쪽에 차곡차곡 쌓이게 되고, 지나치다 못해 무모하기까지 한 엄마의 노력은 한순간에 물거품이 되어버린다.

초짜 엄마의 착각

요즘 엄마들은 자신이 어린 시절 누리지 못했던 최고의 환경을 아이에게 제공하기 위해 안간힘을 쓴다. 그래야만 아이가 자신보다 더 나은 삶을 살게 될 거라는 잘못된 환상과 욕심에서 나온 씁쓸한 결과다. 부끄럽지만 한때는 나 역시 그런 엄마 중 하나였다.

　나는 초등학교와 고등학교 때 실시했던 IQ 검사에서 전교 1등을 할 정도로 남들보다 머리가 좋았다. 그런데 우리 집은 제대로 된 책 한 권 없을 정도로 가난했다. 그래서 늘 똑똑한 내가 부모님의 뒷받침이 없어 제대로 실력 발휘를 하지 못한다는 아쉬움과 원망을 가슴 한 귀퉁이에 간직한 채 살았다. 그런 터라 내 아이만은 나처럼 그렇게 키우지 않으리라는 결심이 확고했고 아이에 대한 기대 또한 컸다. 수능 입학 점수가 높았던 교대에 특차로 입학한 엄마와 대학원 석사 과정까지 우수한 성적으로 마친 연구원 아빠 사이에서 태어난 아들이니만큼 어쩌면 영재일지 모른다는 어이없는 환상도 품었다.

　어린이집에 맡긴 아이를 데리고 올 때마다 "아이가 정말 똑똑해요. 나중에 훌륭한 사람 되면 꼭 선생님 찾아와야 돼"라고 이야기해주는 선생님 때문에 정말 내 아이가 영재인 줄만 알았다. 왜 그때는 그 말이 단순한 '립서비스'였다는 걸 간파하지 못했을까? 지금 생각하면 어이가 없지만 '영재교육을 시켜야 하나?' 하는 고민도 나름 진지하게 했던 게 사실이다. 아이가 만 세 살, 우리 나이로 네 살이 되었을 때 같은 학교에 근무하는 동료 선생님의 육아 경험담을 듣게 되었다.

　"우리 딸도 네 살 때 한글 뗐잖아. 자기 오빠가 학습지 하는데, 옆에 와서 보더니 어깨 너머로 금방 떼더라고. 지금 최 선생님 아들이랑 똑같이 일곱 살인데, 최 선생님 아들은 아직 한글을 몰라서 여자친구한테 편지를 받아도 무슨 내용인지 모른다잖아. 자기도 애가 이제 네 살 됐다고 했지? 나중에 후회하지 말고 얼른 학습지 시켜."

나름 아이들 교육에 성공했다는 그 선생님의 진심어린 조언과 '내 아들은 당연히 똑똑하겠지'라는 엄마의 기대가 합쳐져 네 살밖에 안 된 아이에게 학습지 선생님을 붙여 공부시키는 불상사(!)가 일어나고 말았다. 더구나 아파트 같은 라인에 살고 있는 이웃 언니의 다섯 살배기 아들도 같은 학습지 선생님과 공부한다는 말을 들었다. 그 아이는 네 살부터 공부해서 1년이 채 안 돼 한글을 뗐고 지금은 동화책을 줄줄 읽는다고 했다. '그렇다면 내 아이도 당연히 할 수 있겠지'라는 이 근거 없는 자신감으로 큰아이의 한글 학습지 수업을 밀어붙였다.

일주일에 한 번씩, 15분 동안 이뤄지는 수업이었지만 다음 수업 때까지 아이는 엄마와 날마다 숙제를 해야 했다. 그러나 아이는 도통 한글 공부에 흥미가 없었다. 그러다 보니 자연히 실력도 느는 것 같지가 않았다. 그렇게 1년이 넘도록 아이는 한글을 익히지 못했다.

엄마가 욕심을 버려야 아이가 바로 선다

1년이 지나고 3개월 남짓 복습을 시킨 뒤 그제야 내가 아이에게 못할 짓을 하고 있다는 생각이 들었다. '이제 겨우 네다섯 살 된 아이에게 한글을 익히게 해서 도대체 뭘 하겠다고 한창 재미있게 놀아야 할 나이에 그토록 괴롭혔을까. 그것도 명색이 공교육을 담당하는 교사란 사람이 평소 교육철학은 모두 헌신짝처럼 내팽개치고 주위 사람들의 말에 흔들렸구나' 싶어 마음이 무거웠다.

생각이 여기에 미치자 나는 당장 학습지 선생님에게 상담을 신청하고 학습을 중단시켰다. 그리고 그 후 아이가 마음껏 놀 수 있게 해주었다. 아이는 일곱 살이 된 올해에 비로소 한글을 뗐다. 한글공부를 따로 시킨 결과가 아니었다. 그냥 엄마와 휴대폰 문자놀이를 하다가 자연스럽게 한글을 깨치게 된 것이다.

단 한 번도 머리 좋은 남편과 나 사이에 태어난 아들의 학습력이 떨어질 거라고는 의심조차 해보지 않았다. 그러나 지금 생각해보면 그야말로 착각이었고 오만이었다. 오히려 그런 얘기를 하는 나를 보고, 엄마나 아빠가 공부를 잘했다고 해서 아이가 반드시 공부를 잘할 거라는 법이 어디 있느냐며 남편이 어이없어했다. 나 역시 이런 시행착오를 겪고 나서야 비로소 아이를 최고로 키우겠다는 욕심을 내려놓게 되었다. 그 뒤로는 아이를 보는 눈이 달라졌다. 아이의 인생은 아이의 것일 뿐 어느 누구도, 심지어 엄마인 나조차 대신 살아줄 수는 없다는 교육철학을 갖게 되었다.

내 아이를 최고로 키우겠다는 생각으로, 엄마 자신의 인생을 희생하면서 올인하는 이유가 무엇인가? 혹, 엄마의 욕심 때문이 아닌가? 아이를 최고로 키우고자 하는 궁극적인 목적이 무엇인가? 그렇게 키워서 결국 아이가 성공하면 "너를 최고로 만들기 위해 내 인생을 투자했으니 내 희생에 대해 보상하라"고 요구할 것인가? 그렇다면 엄마의 희생을 담보로 아이를 최고로 키우기 위해 노력했으나 실패했을 경우에는 어떻게 할 것인가? 그때도 아이에게 "너를 최고로 키워보겠다고 이제껏 살아왔는데, 결과가 이게 뭐냐! 허비한 내 인생을 책임져라!"라고 말하겠는가? 그도 아니면 그저 순수하게 "내 아이를 행복한 사람으로 만들기 위해 지금 최고의 투자를 하고 있어요"라고 말할 것인가?

과연 돈이 들어가고 엄마와 가족의 희생이 따르는데, 엄마의 욕심과 사심이 없는 순수한 목적이라고 말할 수 있을지는 의문이다. 또한 가족의 희생을 발판 삼아 키운 아이가 스스로 행복한 인생을 살아갈지도 생각해봐야 한다. 이런 삶이 아이가 원하는 삶이라고 확신할 수 없다면 이제부터라도 아이를 위해, 그리고 당신 자신을 위해 잘못된 환상에서 벗어나야 한다.

5

달라도 너무 다른
육아의 이론과 실전

초보 산모의 임신 분투기

나는 스물아홉 살의 나이에 3년여 동안의 연애생활을 마치고 결혼했다. 조금 늦은 나이였기에 결혼하자마자 아기가 생기기를 바랐다. 고등학교 시절 친했던 친구들 중 나보다 일찍 결혼해서 벌써 아이를 낳고 돌잔치까지 치른 친구들이 적지 않았다. 어쩌다 그 친구들을 만나 품에 안긴 아기를 보고 있으면 그렇게 예쁘고 사랑스러울 수 없었다. 아이를 너무 간절히 기다려서인지 결혼 후 2년여의 시간이 지나는 동안 오히려 임신이 잘 되지 않았다.

처음에는 임신에 도움이 된다는 보약이나 비타민 등을 챙겨 먹으며 마음을 편하게 먹으려 노력했지만 시간이 지날수록 자꾸만 마음이 불안해지고 걱정이 커져갔다. 그 후 1년쯤 시간이 더 지났을 때 더 이상 막연히 기다리고 있을 수만은 없다는 생각이 들었다. 남편과 상의 끝에 불임검사를 받기로 했고 전문 한의원과 산부인과를 수소문해 찾아다녔다. 결혼한 지 만 2년이 지났을 무렵 결국 인공수정을 하기로 결심하고 그해 겨울방학을 이용해 시술에 들어가기로 했다.

인공수정을 결심한 후 마음이 한결 가볍고 편안해졌기 때문일까? 기쁘게도 겨울방학이 시작되기 전인 12월 초에 자연임신이 되었다. 화장실에서 임신 진단키트를 사용해 그 사실을 처음 알았을 때 너무도 기뻐 눈물까지 흘리며 감사기도를 했다.

그러나 9개월여의 임신 기간은 그야말로 고난의 연속이었다. 꽤 오랫동안 심한 입덧 때문에 과일 외에는 거의 아무것도 먹을 수가 없었고, 시도 때도 없이 헛구역질이 나와 그나마 간신히 먹은 것마저 모두 토해내기 일쑤였다. 그렇게 고된 시간이 무려 7개월 동안이나 지속되었다. 그래도 나는 그토록 간절히 원하던 아기를 갖게 되어 마냥 행복하기만 했다.

서서히 배가 불러올수록 배 속에 있는 아기에 대한 궁금함과 설렘이 커져만 갔다. '남자아이일까, 여자아이일까?', '엄마를 닮았을까, 아빠를 닮았을까', '지금쯤 얼마나 자랐을까?'……. 입덧 때문에 힘든 시간을 보내면서도 말로 다 표현할 수 없을 만큼 행복한 시간을 보냈다. 나는 틈나는 대로 인터넷서점에서 육아책을 구매해 읽으며 머지않아 태어날 내 아이를 정말 잘 키우리라 다짐하고 또 다짐했다. 육아서는 아이를 재울 때 주의할 점, 올바른 성격 형성을 위해 해야 할 일과 하지 말아야 할 일, 바른 습관 형성에 관련된 일 등 양육 과정에서 놓치지 말아야 할 많은 중요한 일들에 대해 자세히 설명해주었다. 책을 읽을 때는 '그렇구나! 그래, 이렇게 하면 되겠구나!' 생각하며 고개를 끄덕이고, 메모도 하고, 잊어버리지 않기 위해 노력했다.

드디어 첫아이가 태어났다. 남편도 나도 그야말로 초짜 부모인 까닭에 매 순간순간 어떻게 대처해야 할지 몰라 허둥댔다. 옆에서 친정엄마가 도와주시지 않았다면 아마 곤란한 상황을 많이 겪었을 것이다. 임신 기간 동안 밑줄 긋고 꼼꼼히 메모해가며 열심히 읽었던 책 내용은, 누가 꼬집기라도 한 듯 자지러지게 울어대는 아이 앞에서는 아무 소용이 없었다. 아이의 밤중 수유를 줄이기 위해 낮 동안 세 시간 간격으로 모유 수유를 하라는 책의 코칭도 소용없기는 마찬가지였다. 당장 배가 고프다고 악을 쓰며 울어대는 아기를 아무리 어르고 달래며 안아주어도 울음을 그칠 기미가 보이지 않았다. 오히려 아기를 자꾸 굶기다 보면 '결핍'을 경험하게 될까 봐 내심 걱정이 되기도 했다. 사실 내 아이의 경우, 식욕이 워낙 좋아 먹는 양이 적지 않았음에도 금세 배고프다고 칭얼대곤 했기 때문에 책에서 읽은 내용을 그대로 적용하기에는 무리가 있었다.

녹록지 않은 '아이 혼자 재우기' 프로젝트

밤에 아기를 재우는 문제 또한 마찬가지였다. 아이가 빨리 독립할 수 있도록 밤에 따로 재우라고 조언하는 육아서가 대부분이었는데, 처음엔 적절한 조언이라 믿고 실천해보기로 했다. 그러나 막상 시도해보니, 이 방법 역시 우리 집 상황에는 잘 맞지 않는다는 생각이 들었다.

아기를 낳고 3개월간의 출산휴가가 끝난 뒤 나는 바로 출근을 해야 했는데, 직장일과 집안일 그리고 육아까지 세 가지 중요한 일을 병행해야 했던 터라 늘 물먹은 솜뭉치처럼 지칠 대로 지쳐 있었다. 침대에 누우면 수면제라도 삼킨 듯 곯아떨어지기 일쑤였는데, 배고프다고 세 시간마다 깨서 울어대는 아기 때문에 숙면을 취할 수도 없었다. 대한민국 엄마들이라면 하루 종일 얘기해도 모자랄 육아 체험을 나 또한 고스란히 겪어야 했다.

밤중 수유는 회사 일 마치고 밤늦게 퇴근한 남편이 도와줄 수 있는 일도 아니었다. 더군다나 분유를 먹이지 않고 모유수유를 했기 때문에 남편이 나 대신 젖병으로 먹일 수도 없었다. 설령 도와줄 의지가 있다고 해도 새벽 2~3시에 일어나 냉동 혹은 냉장된 모유를 중탕으로 데워 미지근하게 만든 다음 아기에게 먹이는 일을 감당해낼 수 있는 남편이 대한민국에 과연 몇 명이나 될까. 어차피 육아의 90퍼센트는 온전히 내 몫이었고, 학교 일과 집안일로 지친 나는 도저히 아기를 따로 재우면서 밤중 수유를 할 수 없었다.

출산 전 남편과 같이 썼던 침대에 아기와 내가 누워 자다가 아기가 배가 고파 울면 곧바로 윗도리를 올려 젖을 먹이곤 했다. 비몽사몽간에 눈도 못 뜬 채 수유를 하는 날이 많았다. 아이에게 젖을 먹일 때는 항상 눈을 마주보고 교감하며 먹여야 한다고 주장하는 육아전문가가 들으면 기겁을 할 일이겠지만 사이렌 울리듯 아이가 갑자기 '앵' 하고 울면 자동반사로 젖을 물리는 일이 다반사였다. 그렇게 하루하루를 살아갔다.

내겐 아들만 두 명 있는데 큰아이가 올해 일곱 살, 작은아이가 다섯 살이 되었다. 내년에는 큰아이가 초등학교에 입학할 예정이다. 아들만 둘 있다 보니 소파에서 소리 지르며 뛰어내리고 칼싸움 하다 손에 생채기가 나는 일 정도는 예삿일로 여겨질 지경이다. 2년 전까지 15층에 살았는데, 층간소음 때문에 아래층 눈치가 보여 바닥에 두꺼운 매트를 깔아 놓고도 안심이 안 돼 하루에도 수십 번씩 "뛰지 마!" 소리를 질러야 했다.

그러다 보니 한편으로 한창 에너지가 넘쳐나는 나이에 자유롭게 뛰어놀지도 못하는 아이들이 안쓰러웠다. 어린이집에서도 이런저런 규칙과 규제가 많아 가뜩이나 답답할 텐데 집에서만이라도 맘껏 뛰어놀게 하고 싶어 고민 끝에 1층의 좀 더 넓은 집으로 이사하기로 했다. 이사를 하면서 아이들과 한 가지 약속을 했다.

"이사 가면 너희들만 쓰는 방이 생길 거야. 그리고 너희가 무척 갖고 싶어 했던 이층침대를 사줄 테니 이제 엄마랑은 함께 자지 않는 거다. 이제부터 엄마는 안방에서 아빠랑 잘 거야, 알겠지?"

　그러겠노라 철석같이 약속하며 큰아이는 위층 침대에서 자고 작은 아이는 아래층 침대에서 혼자 자기로 했다. 책에서 읽은 대로 '이제야 아이들을 따로 재우며 엄마한테서 분리시킬 수 있겠구나' 생각하며 조용히 안도의 한숨을 내쉬었다. 그러나 그도 잠시 뿐. 원래 예민하고 겁이 많은 큰아이는 새벽마다 자주 깨어 엄마를 찾아 안방에 왔다. 큰아이는 마른 체격에 먹는 양도 적어 몸이 약한 편이었는데, 예민한 탓에 숙면을 취하지 못하니 자주 코피가 났다. 한 3주 남짓 그런 상태가 지속되다 보니 아이에게 독립 수면 습관을 길러주는 것도 좋지만 이러다 애를 잡는 건 아닌지 걱정이 되기 시작했다.

육아서를 맹신해서는 안 되는 이유

큰아이의 잦은 코피를 치료하기 위해 한의사인 친한 선배에게 가서 그동안 있었던 일들을 털어놓았다.

　"그냥 맘 편하게 데리고 자. 생후 5개월부터 어린이집 다닌 애가 엄마가 얼마나 그립겠니? 어차피 길어야 초등학교 2~3학년 때까지야. 우리 집 막내 녀석도 아직 애 엄마랑 거실에서 같이 잔다. 육아서대로 하는 것도 좋지만 애한테 맞춰서 해야지."

　나 역시 그래야 하지 않을까 하는 마음이었는데, 선배의 조언을 듣고 나니 확실한 결심이 섰다.

육아서에서는 수면 독립을 위해 신생아 때부터 훈련을 시키거나 늦어도 아이들의 분리불안이 사라지는 만 두세 살 무렵에는 수면 독립을 시키라고 조언한다. 한밤중에 아이가 울면서 엄마를 찾아오는 게 안쓰럽다고 다시 엄마 옆에 재운다든가 하는 식으로 일관성 없이 대처하면 안 된다고 나와 있다. 맞는 말이다. 하루는 아이 방에서 혼자 자게 하고, 또 하루는 엄마 곁에 재우고 하는 식으로 일관성 없이 왔다 갔다 하다가는 죽도 밥도 안 된다. 아이에게 혼란만 줄 뿐이다.

큰아이에게 혼란과 불안감을 심어주지 않기 위해 잠자리 독립 시기를 초등학교 입학 이후로 늦추기로 했다. 아이가 가급적 스트레스를 받거나 불안을 느끼지 않고 엄마와 떨어져 잘 수 있을 때 자연스럽게 분리시키기로 한 것이다. 또한 초등학교 입학기는 사회적으로 아이에게 독립적인 책임과 의무가 주어지는 시기이므로 여러모로 적절한 시기라는 판단이 들었다.

그 무렵, 큰아이의 가장 친한 친구는 이미 엄마와 떨어져 따로 자고 있었다. 그러나 나는 다른 아이들과 비교하며 조급해하거나 불안해하지 않기로 했다. 아이의 성격과 성향, 성장 배경이 제각각 다르기 때문에 정확히 비교할 수도 없고 육아서가 제시하는 표준에 맞추기 위해 무리하게 몰아붙일 필요도 전혀 없다고 생각했다.

내 아이들은 워낙 신생아 때부터 엄마 품을 떠나 어린이집을 다녔고, 아침 일찍 출근한 엄마를 저녁때가 다 되어서야 만날 수 있는 상황이었다. 그런 터라 그렇지 않아도 예민한 성격에 겁도 많은 큰아이에게 "네 친구는 혼자 자는데, 넌 왜 혼자 못 자? 창피하지도 않니?"라며 다그쳐서는 안 된다고 생각했다. 아이가 스스로 떨어질 수 있을 만큼 정서적으로 안정될 때까지 차근차근 단계적으로 준비해가면 될 것이었다. 그나마 다행인 건 여섯 살 때는 아래층 침대에서 두 아들을 양 옆에 끼고 서로 꼭 붙어 잤지만 큰아이가 일곱 살이 된 올해부터는 바닥에 매트리스를 따로 깔고 거기에서 혼자 잔다. 이층 침대는 아직 무서워서 내년에 학교에 들어가면 거기서 혼자 자겠다고 아이가 먼저 내게 손가락 걸고 약속을 했다.

'왜 책대로 안 되는 거지? 내가 뭘 잘못하고 있는 걸까?' 하며 공연히 걱정할 필요가 없다. 저마다 육아 환경이 다르기 때문에 책에서 읽은 내용을 그대로 적용하기에는 무리한 부분이 얼마든지 있을 수 있다. 또한 책은 각 영역별, 시기별로 이상적인 방법과 내용을 소개하기 때문에 실제로 적용하기에 맞지 않는 경우도 많다. 책에서 이렇게 하라, 저렇게 하라는 지침을 참고하되 자기에게 맞지 않는 내용이라고 판단되면 과감히 무시하고 자신과 아이가 처한 현실에 잘 맞는 부분을 취해 활용하면 된다. 또 여러 내용 중 좋은 육아법이라고 판단되면 따라해보고 실천해보다가 그대로 안 되면 자신의 상황에 맞게 변형하거나 응용해 적용하면 된다. 객관적으로 아무리 좋은 육아법이라 할지라도 자기 상황에 맞지 않으면 엄마와 아이 모두에게 혼란만 안겨줄 뿐이다.

6

죄책감이
육아를 망친다

대한민국 워킹맘들의 딜레마

"아침에 출근하면서 아이를 어린이집에 맡길 때마다 떼쓰며 우는 모습을 보고 있으면 가슴이 찢어져요. 지난주에는 장염에 걸려 아픈 애를 어쩔 수 없이 어린이집에 보내 놓고 출근해야 했어요. 아픈 애를 보내자니 어린이집에도 눈치가 보이더라고요. 당연히 회사에 가도 일이 손에 잡히질 않죠. 업무량은 계속 산더미처럼 쌓여만 가고, 상사 눈치도 보이고, 나름 전문직이지만 언제까지 아이를 이렇게 울려가면서 직장을 계속 다녀야 할지 고민이에요."

한 인터넷 육아카페에 올라온 사연이다. 이런 이야기를 들으면 정말 남일 같지가 않다. 나 역시 큰아이가 5개월 되던 무렵부터 어린이집에 보내며 일해온 워킹맘이기 때문이다. 어쩌다 근무 시간에 어린이집에서 아이가 아프다는 전화가 걸려올 때는 정말 어찌해야 좋을지 몰랐다. 일반 직장과 달리 교사인 나는 수업을 해야 하고 학생들 생활관리도 해야 하기 때문에 아이들이 갑자기 아프거나 뭔가 일이 생겨도 무작정 달려갈 수가 없다. 그런 상황에 놓일 때마다 속이 새까맣게 타들어가는 것만 같다. 아이가 울면서 안 떨어지려고 하는 날이면 하루 종일 '잘 지내고 있을까? 지금도 울면서 아무것도 먹지 않고 있으면 어쩌지?' 하며 노심초사해야 한다.

그런 날이면 아이에게 미안해서 함께 있는 시간만이라도 한껏 사랑해주리라는 마음으로 피곤함을 참고 재미있게 놀아준다. 시간 가는 줄 모르고 아이와 놀다가 주위를 둘러보면 산더미처럼 쌓인 집안일이 눈에 들어온다. 서둘러 아이를 재우고 설거지, 세탁, 청소 등 밀린 집안일을 끝내고 나면 지칠 대로 지쳐 온몸이 노곤해진다. 그런데 너무 피곤해서 그런지 오히려 숙면을 취하기 어렵고 반복해서 잠을 설치게 된다. 그러다 보니 갈수록 얼굴은 더 푸석푸석해지고 눈 밑에 생긴 다크서클은 점점 더 짙어만 간다.

아무리 피곤해도 다음 날 다시 꼭두새벽에 일어나 출근 준비를 하고 아이 등원 준비를 마쳐야 한다. 그렇게 피곤한 몸을 이끌고 직장에 나가 업무를 시작한다. 일, 살림, 육아 어느 것 하나 소홀히 할 수 없다. 혹시라도 시부모님께 소홀하지는 않았나 싶어 도둑이 제 발 저리는 심정

으로 이런저런 육아 하소연이라도 할라치면,

"너만 애 낳고 힘들게 사니? 다른 사람들도 다 그렇게 산다. 그러면서도 다들 애만 잘 키우더라. 너무 유난 떨지 마라"라는 시어머니의 가시 섞인 말씀에 심장이 쿵 하고 내려앉는다. 이것이 대한민국 워킹맘의 현주소다.

한때 육아휴직을 심각하게 고민한 적이 있다. 워킹맘으로서 일, 육아, 살림의 세 가지를 완벽하게 해낼 자신이 없어서였다. 그때 동료 선생님 한 분이 유익한 조언을 해주셨다.

"큰아이 때 내가 뭘 모르고 육아휴직을 했었잖아. 휴직만 하면 진짜 잘할 수 있을 것 같지? 나도 그랬어. 근데, 그게 그렇지가 않더라고. 집에 엄마가 있다고 아이한테 무조건 좋을 거라는 생각은 착각이야. 오히려 하루 종일 붙어 있다 보니 아이한테 지쳐서 차츰 귀찮아지고 짜증도 나더라고. 아이와 놀아주는 것도 점점 대충하게 되고. 그래서 둘째 때는 마음을 단단히 먹고 휴직 안 했지. 무슨 일이든 양보다 질이 더 중요하잖아? 당장 휴직만 하면 아이랑 매일매일 재미있게 놀고 책도 많이 읽어주고 그럴 것 같지만 막상 해보면 그게 생각처럼 녹록하지 않더라니까. 놀이 면에서도 전문성을 가진 어린이집에서 훨씬 더 재미있고 유익하게 놀아줄 수 있는 거야."

이 말은 당시 아이와 함께 있어주지 못한다는 죄책감에 시달리던 내게 큰 도움이 되어주었다.

'슈퍼맘 콤플렉스'의 함정

작년에 학부모 담당 업무를 맡으면서 지역의 초중고 학부모를 대상으로 한 강연에 참석하게 되었는데, 베스트셀러 저자이자 명강사인 김미경의 강연이었다. '자녀에게 꿈을 심어주라!'는 주제로 진행되었는데, 워킹맘으로서 겪은 자신의 경험담이 인상적이었다. 김미경은 뒤늦게 꿈을 찾아 강사가 되기 위해 공부하고 강연하느라 집에서 아이들을 돌볼 시간이 없었다. 당시 초등학생이었던 큰딸이 하루는 이렇게 말하더란다.

"엄마, 다른 애들처럼 엄마가 집에 있었으면 좋겠어. 맛있는 간식도 만들어주고……."

그 얘길 듣고 그녀는 이렇게 말했다고 한다.

"○○야, 엄마 말 듣고 잘 생각해봐. 너는 아침 여덟 시부터 오후 두세 시까지 학교에 있지? 학교 끝나면 뭐해? 집에 와서 간식 챙겨 먹고 다시 피아노학원 가지? 그리고 친구들 만나서 놀이터나 친구 집에서 실컷 놀다 오지? 그럼 몇 시야? 여섯 시쯤 저녁 먹을 시간이 돼야 집에 오잖아. 그럼 엄마는 네가 학교 끝나고 간식 먹으러 들어오는 그 30분 때문에 하루 종일 집에 있어야 해? 엄마가 꿈을 포기하고 그 30분 동안 너랑 함께하기 위해 온종일 집에 있는 게 나을까? 아니면 엄마가 하고 싶은 일 열심히 하고 즐거운 마음으로 퇴근해서 너희들과 행복한 저녁 시간을 보내는 게 나을까?"

그러자 딸은 한참 동안 곰곰이 생각하더니 "엄마 하고 싶은 일 하세요" 하더란다.

이제는 큰딸이 커서 대학생이 되고 늦둥이 딸이 초등학교 3학년이 되었는데, 하루는 친구 집에 놀러가서 친구 엄마가 손수 만들어준 피자를 먹고 온 막내가 큰애가 어렸을 때 했던 말과 똑같은 말을 했다고 한다.

"엄마, 나도 엄마가 일하러 안 나가고 집에 있었으면 좋겠어! 그래서 친구들 데리고 오면 피자도 만들어주고 하면 좋겠어!"

그래서 또 큰딸에게 했던 질문을 하려고 하는데, 큰애가 나서서 "엄마, 내가 이야기할게" 하더니 자기가 초등학교 다닐 때 엄마에게 들었던 얘기를 토씨 하나 안 빼고 그대로 하더란다. 덕분에 늦둥이의 '민원' 도 잘 해결하고 넘어갔다고 한다. 그땐 그저 유쾌하게 웃으며 듣고 넘겼지만 참 지혜로운 대처법이라는 생각이 들었다.

아이도 초등 저학년을 지나 중학년 정도 되면 나름대로 합리적인 생각을 할 수 있다. 이쯤 되면 "엄마가 돈 많이 벌어올게. 돈 벌어 와서 장난감이랑 맛있는 거 사줄게" 하며 달래고 타이르던 방법보다는 김미경처럼 아이 스스로 생각해보고 합리적으로 따져볼 수 있도록 유도하는 것이 바람직하다.

대한민국에서 아이를 키우는 엄마들이 이 일화를 통해 배워야 할 가장 중요한 것 한 가지를 꼽아보라면 바로 '죄책감에서 벗어나는 일'이다. 김미경은 워킹맘으로서 언제나 당당했고 죄책감을 갖지 않았다. 그녀는 아이에게는 아이의 인생이 있고 엄마에게는 엄마의 인생이 있다는 확고한 철학과 육아원칙을 갖고 있다.

많은 워킹맘들이 좋은 엄마, 완벽한 엄마가 되어야 한다는 강박관념을 갖고 있다. 사실 아이가 없을 때도 지친 몸을 이끌고 직장에서 돌아와 집안일까지 하려면 힘들 수밖에 없다. 거기다 아이가 생기면 육아의 임무까지 더해져 혼자서 세 사람의 몫을 감당해야만 한다. 이런 상황에서 모든 일을 완벽하게 해내겠다는 자체가 무리이고 욕심이다.

'좋은 엄마 콤플렉스'에 빠지면 육아는 오히려 더 힘들고 고통스러워진다. 엄마가 지치면 아이에게는 역효과를 낳기 십상이다. 말로 표현하지 않아도, 그리고 아무리 어린 아이라도 엄마가 육아를 힘들어하고 자신을 부담스러워한다는 것을 느낄 수 있기 때문이다.

엄마가 행복하지 않으면 아이 역시 행복하지 않다. 자기 때문에 엄마가 힘들어한다면 아이의 가슴속에는 죄책감이 쌓인다. 그러면 은연중에 '나는 쓸모없는 존재야'라는 생각을 하게 되고 자존감이 떨어지게 된다. 이런 결과를 바라는 엄마는 한 사람도 없지 않을까!

워킹맘의 진짜 '적'은 아이와 함께할 수 없게 만드는 직장일이 아니다. 일, 육아, 살림 등 모든 면에서 완벽해야 한다는 강박관념과 '슈퍼맘 콤플렉스'다. 죄책감은 누군가가 당신에게 심어주는 것이 아니다. 엄마인 당신 스스로 만들고, 키우고, 느끼는 것이다. 그 누구도 당신에게 나쁜 엄마라고 단죄할 수 없다. 설령 그런 사람을 만나더라도 일일이 대응하거나 스트레스받지 말고 무시해버리면 그만이다.

이 세상에 완벽한 엄마는 단 한 명도 없다. 조금 부족해도 괜찮다. 아니, 오히려 부족하지 않은 게 이상하다고 생각해야 한다. 그리고 스스로를 자꾸 격려해주고 건강한 자존감을 갖기 위해 노력해야 한다. 죄책감에 발목 잡혀 이도 저도 아닌 인생을 살아서는 안 된다. 스스로에게 당당해져라. 죄책감 따위는 휴지통에 던져버리고 아이와 함께하는 지금 이 순간을 행복한 시간으로 채우는 일에만 집중하라.

7

육아에
정답은 없다

똑똑한 부모들이 놓치는 중요한 것 한 가지

"선생님, 아이를 어떻게 키워야 잘 키우는 걸까요? 제가 회사일이나 집 안일은 똑 부러지게 한다는 소리를 듣는데, 육아만은 생각처럼 잘 안 되네요. 아이 키우는 일이 세상에서 제일 어려운 것 같아요. 제가 지금 아이를 잘못 키우고 있는 게 맞죠?"

어느 날, 명문대학을 졸업하고 사람들에게 인정받는 전문직인 우리 반 한 남학생의 어머니가 나와 상담을 하다가 결국 눈물을 쏟았다. 얘 길 들어보니, 일찌감치 목표를 세우고 열심히 노력하여 꿈을 이루었으 며 나름대로 성공적인 인생을 살아왔다고 한다. 그러나 하나 있는 아들 녀석만은 도무지 계획대로 되지 않는다는 것이었다.

"늘 최고의 인생을 위해 정답만을 쫓아왔는데, 아들 녀석에 대해서만은 정말 답을 모르겠어요. 어떻게 하면 좋을까요?"

답답한 심정이 어느 정도 이해가 갔다. 이제껏 살아오면서 무슨 일이든 자신의 의지와 노력으로 안 되는 일이 없었고 남보란 듯 성공도 일구어냈는데, 딱 하나 있는 아들 녀석이 무던히도 속을 썩이고 마음먹은 대로 안 되니 얼마나 답답하고 속이 상하겠는가!

똑똑한 부모들이 놓치는 중요한 것 한 가지가 있다. 바로 '육아에는 정답이 없다'는 것. 생각해보라. 앞으로 평균수명 100세인 세상을 살게 될 아이의 인생에 얼마나 많은 가능성이 열려 있는가. 그 무수한 갈림길들을 모두 무시하고 자신이 정답이라고 믿는 그 하나의 길로만 데려가겠다는 부모의 편협한 생각부터가 잘못된 것이 아닐까?

가수 이적의 어머니이자 세 아들을 모두 서울대에 보내고 그 스토리를 책으로 펴내 베스트셀러 저자가 된 박혜란은 요즘 '아이들을 잘 키운 엄마', '손자들을 잘 키울 것 같은 할머니'로 사람들 입에 오르내린다. 그러나 정작 세 아들을 키우던 당시에는 '좋은 엄마'라는 평가를 받지 못했다. 아니 오히려 '나쁜 엄마', '이기적인 엄마'라고 손가락질을 당하는 일이 많았다. 그녀는 초등학교에 갓 입학한 막내를 돌보지 않고 '애들 다 키웠으니 이제 내 일을 하겠다'며 사회로 뛰쳐나갔고, 입시전쟁에 나선 아이를 뒷바라지하는 일보다 자신의 자아를 실현시키는 일에 우선순위를 두었다고 한다.

　반면 다른 엄마들은 어떤가. 고3인 아이가 밤늦게까지 공부할 때 방에 들어갈 생각도 하지 못하고 거실에서 꾸벅꾸벅 졸면서 함께 깨어 있곤 한다. 공부하던 아이가 방에서 나오기라도 하면 로봇처럼 반사적으로 일어나 "왜, 뭐 필요해? 간식 줄까?" 하고 묻는 것이 요즘 엄마들의 모습이다.

　이런 보통 엄마 같지 않았던 박혜란은 엄마의 의무를 다하지 못한다며 동네에서 '나쁜 엄마' 소리를 들어야 했다. 저녁때가 지나서 집에 들어가는 그녀를 우연히 만난 고교 동창은 "아이들 끼니를 챙기지 않는 건 죄"라며 죄인으로 단죄하기까지 했다고 한다. 그러나 그녀는 세상의 시선과 판단에 신경 쓰지 않았다. 그저 아이들을 있는 그대로 사랑하려 노력했고 자유롭게 놀게 했다. 공부하라는 말은 입 밖에 내본 적도 없었다. 틈만 나면 아이들과 한데 어우러져 즐겁게 칼싸움을 하는 등 재미있게 놀기만 했다. 그런 터라 아이들의 앞날에는 도통 관심이 없는 '나쁜 엄마'라는 손가락질을 받아야 했던 것이다.

　그러나 그렇듯 박혜란을 '나쁜 엄마'로 단정 짓고 몰아세웠던 사람들은 엄마 덕도 못 보고 자란 '불쌍한 아이들'이 일류대학에 줄줄이 합격하자 어느 순간부터 그녀를 '좋은 엄마', '대단한 엄마'로 칭송하기 시작했다. 심지어 애들 셋을 모두 일류대학에 합격시킨 비법을 듣기 위해 집에 몰려들기까지 했다.

　생각해보면 우스운 일이지만 한편으로는 쓸쓸한 일이기도 하다. 밥을 차려주지 않는다고 마치 죄라도 지은 사람처럼 몰아세우다가 아이들이 일류대학에 합격하자 언제 그랬냐는 듯 돌변해서는 공부 비법을 알려달라고 조르는 이런 상황이 교육자의 한 사람으로서 안타깝다 못해 참담한 생각마저 든다.

지금은 아이들을 잘 키웠다고 찬사 받는 박혜란도 다음과 같이 고백한 바 있다.

"하지만 솔직히 말하자면 나라고 아이들을 키우면서 언제나 즐겁고 편안하기만 한 건 결코 아니었다. 하루에도 몇 번씩 내가 아이를 잘 키우고 있는 걸까, 나중에 후회하지 않을까, 만약 그렇게 되면 과연 마음 편히 노후를 보낼 수 있을까 등등 배꼽 아래로부터 불안한 마음이 피어올라 이내 머리끝까지 사로잡았다. 당연히 그럴 때마다 온갖 핑계거리를 끌어 모아 애꿎은 아이들을 들볶아댔다."

잘못 키운 아이는 자동차처럼 리콜할 수도 없다

나 역시 교육전문가지만 아이를 키우는 일만은 어떻게 해야 좋을지 알 수 없을 때가 많다. 이럴 땐 이것이 정답 같고 저럴 땐 저것이 정답 같은 애매모호한 일이 너무도 많기 때문이다. 유명한 인터넷 육아카페를 보면 먼저 아이를 키운 선배 엄마들에게 초보 엄마들이 던지는 질문들만 따로 모아 놓은 게시판이 있을 정도다. 게시판에 올라온 질문들을 보면 아이가 기저귀 빨리 떼는 법, 밤중 소변을 잘 가리는 법, 말을 빨리 배우는 법, 편식하지 않는 법 등 생활면에서부터 한글 떼는 법, 혼자 책읽기 훈련하는 법, 공부 잘하는 법, 창의성 키워주는 법 등 학습면에 이르기까지 다양하다. 그 질문들 하나하나에 달린 답글 또한 엄마들 각자의 경험을 바탕으로 한 것으로 수많은 정답이 존재하는 셈이다. 다시 말해 육아 문제에 관한 한 수학문제처럼 한 가지 질문에 한 가지 정답이란 없다.

육아의 정답만을 찾는 엄마들의 심리를 보면 아이를 잘 키우고 싶은 마음도 있지만 시행착오 없이 완벽한 결과를 내려는 욕심이 앞서는 경우가 많다. 또한 엄마 역할을 잘하길 바라는 주변의 기대도 있지만 엄마로서 완벽해지기 위해 스스로 갖는 부담감 때문에 육아가 더 어렵게 느껴지는 것이다. 그렇기에 '제발 육아의 정답을 알려달라'고 하소연하게 된다.

내 아이에게 엄마는 '엄마' 역할만 충실히 하면 된다. 엄마는 아이와 자주 눈맞춰주고, 따뜻하게 안아주고, 한껏 사랑을 베풀어주는 존재다. 그럼에도 요즘 엄마들은 아이에게 선생님도 되려 하고, 의사도 되려 하고, 친구도 되려 하고, 매니저도 되려 하기 때문에 정답이 필요한 것이다. 이렇게 스스로 완벽한 부모가 되려는 엄마들에게 소아정신과 전문의 신의진은 "엄마 노릇 너무 잘하려고 애쓰지 마라. 좋은 엄마 콤플렉스가 당신과 아이를 모두 망치고 있다"고 조언한다.

육아의 정답을 찾는 것은 엄마의 욕심에서 비롯된다. 아이를 키우면서 쉽고 빠른 결과만을 얻고자 하는 조급함이 부르는 욕심인 것이다.

아이를 대할 때마다 자꾸 마음이 급해지고, 그러다 보니 마음은 앞서는데 뜻대로 안 되니 화가 나는 것이다. 실수하지 않기 위해 육아의 정답만 찾아 동분서주해서는 안 된다. 음식도 급히 먹으면 체하지 않는가. 맛있어 보인다고 갓 조리한 뜨거운 음식을 식히지도 않고 허겁지겁 먹다가는 혀를 데이기 십상이다.

자동차 한 대에 들어가는 부품 수는 대략 2만 개 정도 된다고 한다. 그 수많은 부품이 들어가는 자동차를 출고 날짜가 촉박하다고 성급하게 만들면 어떻게 되겠는가? 최악의 경우, 그 치명적인 하자를 안고 출고된 차를 몰고 운전하던 사람이 불의의 교통사고로 죽거나 다치는 일이 일어날 수도 있다. 그런 상황까지는 아니더라도 결국 대량리콜사태가 빚어져 결국 회사에 막대한 손해가 발생하고 말 것이다.

자동차를 한 대 제조하는 일이 이렇듯 복잡하고 조심스러운데, 하물며 육아는 어떻겠는가. 사람은 자동차보다 천 배 만 배 더 소중한 존재가 아닌가! 그러므로 아이를 키울 때는 어리다고 무시하지 말고 진심으로 대해야 하며 하나의 완성된 인격체로 대우해야 한다. 조급함으로 좋은 결과를 내려는 섣부른 욕심은 반드시 화禍를 부른다. 아이들은 자동차가 아니기 때문에 리콜할 수도 없다.

우리 모두 잘 알고 있지 않은가. 인생에는 정답이 없다는 것을. 육아 역시 정답이 정해진 시험문제가 아니다. 이 세상의 모든 부모는 아이를 키우는 일에 완벽할 수 없다. 따라서 완벽한 엄마가 되겠다는 욕심을 과감히 버리는 일부터 시작해야 한다. 그것이 정답이다. 엄마로서 실수도 하고 시행착오도 겪으며 아이와 함께 보내는 시간 그 자체가 소중하다는 것을 깨달아야 한다. 때로 시행착오는 부모와 아이 모두에게 값진 선물이 되기도 한다. 시행착오에 감사하는 통 큰 엄마가 되어야 한다. 욕심을 내려놓고 아이가 어떠한 모습으로 달려오건 두 팔 벌려 따뜻하게 안아주는 연습을 하자. 그것이 아이를 잘 키우는 단 하나의 방법이자 정답이다.

8

엄마가 행복해야
아이도 행복하다

손주 보는 할머니 마음으로 자식을 대하라

최근 휴대폰 사진 정리를 하면서 몇 년 전에 찍은 사진들을 보게 되었다. 병원에서 갓 태어난 아이가 눈도 못 뜨며 우는 사진, 조그마한 갓난아이가 배가 고팠는지 배냇저고리 소매 끝을 빠는 사진, 밤낮이 바뀌어 제대로 잠도 못 자 피곤한 상태로 아기를 업은 채 행복한 웃음을 짓고 있는 내 모습까지 오랫동안 잊고 지냈던 추억들이 마치 사진처럼 하나하나 선명하게 떠올랐다.

큰아이가 생후 2개월쯤 되었을 무렵, 기저귀를 갈아주려고 아이의 두 다리를 들어 올린 순간 응가를 해서 내 온몸에 튄 일이 있었다. 아이를 낳고 키워본 엄마라면 누구나 한번쯤은 이런 일을 겪었으리라. 그 순간 아이의 응가가 더럽다고 생각하며 얼굴을 찡그리는 엄마가 있을까? 아마 없을 것이다. 결혼하기 전에는 '나보다 더 깔끔한 사람 있으면 나와 보라'는 듯 유난을 떨던 사람도 결혼해서 자기 배 아파 낳은 아이가 싸 놓은 똥은 더럽게 여기지 않는다. 아무렇지도 않게 보고 만지고 기저귀를 갈아준다.

나도 그랬다. 옆에서 지켜보는 남편, 친정엄마와 오빠까지도 그런 모습을 보고 깔깔 웃었다. 아이는 우리 집안에 큰 웃음과 행복을 선물해준 사랑스러운 존재일 뿐이었다. 그러니 그런 아이가 싼 똥이 어찌 더럽게 여겨질 수 있겠는가! 또 한 번은 이제 갓 돌이 지나 걸음마를 배우는 아이가 집에 안 들어가고 놀이터에서 더 놀겠다며 바닥에 주저앉아 울며 보채는데, 그 모습이 정말 귀여워서 달랠 생각도 하지 않은 채 동영상 촬영을 하기도 했다. 지금 생각해도 저절로 얼굴에 미소가 지어지는 행복한 순간들이다.

이 책을 읽고 있는 당신은 어떤가? 책 읽기를 잠시 멈추고 아이를 키우면서 마냥 행복했던 순간들을 떠올려보라. 눈을 감고 음미해보라. 그 순간을 생생히 기억해보라. 손가락 열 개, 발가락 열 개 다 갖고 건강하게 태어나기만을 바랐던 때가 엊그제 같은데, 벌써 아이와 악악대며 싸우는 지경에 이르렀다.

"어이구, 말도 마. 귀엽기는. 한번만 더 귀여웠다가는 큰일 나겠다. 원수가 따로 없어!"

"저걸 때릴 수도 없고. 어찌 해야 좋을지 막막하다, 막막해."

혹시 우스갯소리라도 옆집 엄마에게 이렇게 말하지는 않았나? 요즘 대부분의 엄마들은 '어떻게 하면 아이를 잘 키울 수 있을까?' 하는 생각과 불안, 자신의 아이를 최고로 만들어야 한다는 욕심이 앞서서 아이가 자라는 모습을 제대로 즐기고 감사할 여유가 없다. 그래서 "육아는 전쟁이다"라는 말까지 나오는 것이다. 옛말에도 있지 않은가. "밭 맬래? 아이 볼래?" 하고 누가 물으면 차라리 밭을 매겠다고 한다는 말. 그 옛말처럼 사실 나 역시 아이 돌보는 일보다 차라리 학교에서 학생들 가르치는 일이 더 편하기는 하다. 엄마로서 내 아이에 대한 기대 없이 그저 아이 그 자체로만 바라보지 못하기 때문일 것이다. 이 글을 쓰면서 아이와 함께하는 시간을 힘들어하며 피하고만 싶어 했던 부족한 마음을 반성해본다.

"이만큼 살아 보니 아이들을 키우는 시간은 정말 잠깐이더라. 인생에 그토록 재미있고 보람찬 시간은 또다시 오지 않는 것 같더라. 그러니 그렇게 비장한 결심을 하지 말고, 신경을 바짝 곤두세우지 말고, 그저 마음 편하게, 쉽고 재미있게 그 일을 받아들이고 즐겨라. 생뚱맞게 들리겠지만 부모의 마음으로 키우지 말고 손주를 대하듯 하라. 그러면 만사형통이려니."

아들 삼형제를 훌륭하게 키워내고 열 명 남짓의 손주들까지 본 박혜란 할머니가 육아를 전쟁으로 생각하는 이 땅의 젊은 엄마들에게 보내는 메시지다.

얼마 전 지인의 결혼식에서 대학 선배 언니를 만났다. 선배는 큰아이가 벌써 5학년이나 된 어엿한 학부모가 되어 있었다. 다섯 살짜리 우람한 아들 녀석이 계속 안아달라고 떼쓰는데, 무거워서 안 된다고 뿌리치는 내 모습을 본 선배가 한마디 조언했다.

"윤희야, 아이가 안아달라고 할 때 많이 안아주렴. 지금 돌아보니 아이를 안아줄 수 있는 것도 다 한때더라."

그 말을 듣고 보니 정말 아이들이 자라는 건 순간이라는 생각이 들었다. 초등 4학년만 되어도 아들 녀석은 엄마와 포옹하는 것도 쑥스러워서 꺼리게 된다. 그러다가 사춘기가 찾아오면 엄마와의 대화는 단절되고 만다. 아이는 또래 친구들과만 어울리려 하고, 집은 그저 잠만 자는 곳으로 바뀌게 될 것이다. 그렇게 따지면 내게도 큰아이를 안아줄 수 있는 시간이 이제 4년밖에 남지 않은 셈이다.

아이와 함께하는 순간순간을 즐겨야 한다. 아이는 잠시 부모에게 왔다가 떠나가는 존재라고 생각해야 한다. 마음만 앞설 뿐 아이를 위해 내가 해줄 수 있는 일은 사실 많지 않다. 엄마로서 할 수 있는 최고의 일은 아이와 함께하는 순간순간에 감사하며 즐겁게 지내는 것이다.

몇 달 전, 참으로 안타까운 일이 있었다. 제주도로 수학여행을 가던 고등학생들이 탄 세월호가 진도 앞바다에 침몰해서 많은 학생들이 희생된 사고였다. 지금 생각해도 이 땅의 엄마로서, 교육자로서 찢어질 듯 마음이 아프고 참담하기 그지없다. 이제껏 제대로 한 번 인생을 즐겨보지도 못한 수많은 학생들이 꽃이 채 피기도 전에 무참히 꺾이고 말았다. 한동안은 뉴스를 보며 "저걸 어째. 힘들게 공부만 하느라 맘껏 놀지도 못했을 텐데" 하며 눈물 흘리는 날들의 연속이었다.

지금 이 글을 쓰면서도 희생된 학생들을 생각하니 눈물이 난다. 돌이켜 보면 지난 한 해 동안 안타깝고 참담한 사고가 많았다. 얼마 전 어느 부대에서 한 병사가 선임병들한테 끔찍한 폭행을 당하다가 끝내 사망한 사건도 있었다. 또한 군대 내 폭행과 가혹행위로 괴로워하다 휴가 중 자살을 택한 군인의 사례도 있었다. 이런 슬픈 뉴스를 접할 때마다 자신의 꿈을 제대로 펼쳐보지도 못하고 아까운 생을 마감한 젊은이들이 너무도 안쓰럽고 딱하기만 하다. 그들이 그렇게 갑작스럽게 곁을 떠나게 될 줄은 부모도, 친구도, 선생님도 몰랐을 것이다. 그런 터라 그저 좋은 대학에 입학시키기 위해, 그래서 남들보다 더 잘 살 수 있게 하기 위해 공부해라, 공부해라 채근하고 닦달했을 것이다. 그러고 보면 한치 앞도 모르는 것이 사람의 일이다.

상상하기도 싫지만 극단적인 예를 들자면 내 아이가 당장 내일 교통사고로 다칠 수도 있고, 몇 년 후 불치병에 걸릴 수도 있다. 그럴 때도 한글을 못 뗐다고, 받아쓰기에서 많이 틀렸다고 속상해하겠는가? 기말시험에서 70점 맞았다고, 내신 등급이 떨어졌다고 아이를 혼내겠는가? 그런 엄마는 없을 것이다. 그저 아이와 함께하는 짧은 시간들이 흘러감에 안타까워하고 조금이라도 즐겁게 보내려고 노력할 것이다. 이때는 아이에 대한 모든 욕심을 내려놓기 때문에 가능한 일이다. 어렵겠지만 이런 마음가짐으로 우리 아이들과 행복한 시간을 보내야 한다.

부모로서 아이에 대한 욕심을 내려놓기란 말처럼 쉬운 일이 아니다. 그러나 욕심으로 아이를 최고로 키우기 위한 노력을 멈추고, 걱정과 욕심으로 가득한 마음을 비우기 위해 노력해야 한다. 아이와 함께하는 시간을 행복으로 여기기 위해서는 노력하고 인내하는 수밖에 없다. 『이방인』으로 유명한 소설가 알베르 카뮈도 "행복은 그 자체가 인내다"라고 말하지 않았던가. 행복은 쉽게 얻어지지 않는다. 행복하기 위해 부단히 노력해야 한다.

모든 감정은 에너지다. 좋은 감정은 좋은 에너지를, 나쁜 감정은 나쁜 에너지를 지닌다. 에너지는 파장의 형태를 띠고 있으므로 좋은 감정이든 나쁜 감정이든 다른 사람에게 자연스럽게 전달된다. 엄마의 나쁜 감정은 아이에게 고스란히 전달된다. '엄마는 나랑 있으면 행복하지 않아. 그건 다 나 때문이야.' 아이의 마음속에 이렇게 자리 잡은 부정의 씨앗은 부정의 열매를 맺어 불행한 결과를 초래한다. 그때 후회해봐야 소용없다. 사랑하는 당신의 아이에게 이런 부정의 씨앗을 심어주고 싶은가?

자, 이제 어떻게 하겠는가? 삶은 선택의 연속이다. 아이를 키우는 일을 전쟁으로 여길지, 행복으로 여길지는 당신의 몫이다. 좋은 엄마가 되고 싶은가? 그럼 엄마인 당신부터 행복해지기 위해 노력해야 한다. 육아에 지치고 힘이 들 때는 내 아이로 인해 가장 행복했던 순간을 떠올려보자. 내 아이가 행복한 어른으로 성장하기를 바란다면 엄마가 행복해야 아이도 행복하다는 것을 기억하자.

제 2 장

사랑받고 자란 아이가 **행복한 인생을** 산다

하루에도 몇 번씩 아이를 안아주자.

아이가 충분히 안정감을 느낄 수 있도록 더 많이 안아주고

더 많이 쓰다듬어주자.

1

아이는 신뢰받은 만큼
성장한다

"콩 심은 데 콩 나고 팥 심은 데 팥 난다"는 속담이 있다. 초등교사 10년 동안 많은 학생과 학부모들을 만나왔지만 이 속담만큼 부모와 자녀의 관계를 정확히 설명하는 말도 찾기 어렵지 않을까 싶다. 부모가 사랑을 주고 신뢰한 만큼, 아이는 딱 그만큼의 그릇이 되는 것을 수없이 보아왔기 때문이다.

교사로 부임한 첫해에 6학년 담임을 맡게 되었다. 그 아이들이 지금은 스물세 살의 어엿한 청년으로 성장했다. 그중에서도 특별히 기억에 남는 아이가 한 명 있다. 현재 S대에 재학 중인 그 아이는 6학년 당시만

해도 그리 뛰어난 성적이 아니었다. 그렇다고 예체능 방면에서 우수하지도 않았지만 항상 명랑한 얼굴에 긍정정인 생각을 가지고 있었고 포부도 컸다.

학부모상담 과정에 아이의 부모님이 아이를 대하는 태도를 보고 그 이유를 알 수 있었다. 아이의 부모님은 항상 아이에게 좋은 생각과 행동의 본보기가 되어주려고 노력하셨다. 또한 일상생활 속에서 아이에 대한 긍정적인 기대와 신뢰를 표현하고 있었다.

소아청소년정신과 전문의 오은영은 어렸을 때 삐쩍 마른 몸에 항상 기침을 달고 살았다고 한다. 그녀는 "편식을 해서 감기에 잘 걸린다며 어머니가 나를 쥐어박을 법도 한데 그러는 법이 없으셨다. 오히려 공부도 제법 잘하고 달리기도 잘한다며 '커서 훌륭한 사람이 되려나?' 하고 생각하셨던 것 같다. 그런 분위기에서 나는 아프고 약해서 무시당하는 존재가 아니라 인정받는 아이로 자랄 수 있었다"고 자신의 어린 시절을 회상한다.

보통 아이가 자주 아픈 경우, 평범한 엄마라면 잦은 병치레를 하는 딸이 걱정되면서도 속상한 마음에 "네가 잘 안 먹으니 이렇게 자주 아프지! 네 오빠처럼 뭐든 가리지 말고 먹어라!"며 아이에게 화를 냈을 것이다. 반면에 오은영의 어머니는 아프고 약한 존재로서 딸을 바라본 것이 아니라 미래의 성장 가능성이 충분한 존재로 딸을 바라봤다. 그 결과 그녀는 어머니의 믿음만큼 성장하게 되었다.

전 세계적인 베스트셀러 『정상에서 만납시다』의 저자 지그 지글러에게는 세 명의 자녀가 있다. 어느 가정이건 아이가 셋인 경우 둘째가 찬밥 신세가 되기 쉽다. 첫째는 첫째라서 대우받고 막내는 막내라서 귀여움을 받는데, 그 가운데에 끼인 둘째는 첫째와 비교당하고 막내에게 부모의 사랑을 뺏기게 된다. 지그 지글러의 가정도 마찬가지였다. 부모를 비롯해 집에 오는 모든 손님들은 첫째와 막내만 칭찬하고, 둘째 신디에게는 "아이가 왜 저리 칭얼댈까?", "짜증내지 말고 활발하게 지낼 수는 없니?"라며 실망만을 표현했다. 그러면 그럴수록 둘째의 문제행동은 심해지기만 했다.

이 문제를 놓고 곰곰이 생각하던 지그 지글러 부부는 방법을 바꾸어 보기로 했다. 집을 방문한 손님들에게 "이 아이는 항상 즐거워하는 아이라 모두 좋아해요. 언제나 웃고 있거든요. 그렇지 않니, 얘야?"라며 둘째 아이를 소개했다. 그러자 머지않아 놀라운 변화가 일어나기 시작했다. 칭얼대기만 하던 신디가 앞니가 두 개나 빠진 모습으로 활짝 웃으며 인사를 하는 것이었다. 그녀는 "네, 전 행복한 올챙이에요"라며 활기차게 대답했다.

지그 지글러 부부가 신디를 최고의 아이로 보기 전까지 이런 변화는 꿈도 꿀 수 없었다. 부모가 아이를 새로운 눈으로 바라보고 활기차고 행복한 아이로 인정하며 대하자 아이 역시 그 믿음대로 긍정적으로 변화했다. "심은 대로 거둔다"라는 말대로 모든 일은 행한 대로 이루어지는 법이다. 아이도 마찬가지다. 콩을 심은 밭에서 팥을 수확할 수 없듯이 아이를 믿지 못하고 아이에게 부정적인 이야기를 하면서 긍정적인 사람으로 자라 성공하기를 바랄 수는 없다.

넘어지지 않으면 걸음마를 배울 수 없다

젖을 빨던 아이가 뒤집기, 기어 다니기, 잡고 일어서기 단계를 거쳐 돌 무렵이 되면 걸음마를 시작한다. 아이가 걸음마를 하면서 한 발짝 한 발짝 옮겨 걸을 때는 보기만 해도 위태로워 보인다. 그러나 넘어질 듯 말 듯 하면서 한 발짝을 떼어놓으면 그렇게 기특할 수가 없다. 그래서 지켜보는 부모는 "아이고, 잘한다. 그렇지! 그렇지!" 하고 추임새를 넣으며 감탄하기 바쁘다. 그러면 아이들은 넘어지면서도 자꾸 일어나 걷는다. 그때 부모가 할 수 있는 일은 옆에서 "잘한다, 잘한다!" 응원하며 박수 치는 일뿐이다. 아이를 응원하고 지지하는 만큼 아이는 자신감을 갖고 스스로 한 발짝씩 떼는 일에 집중한다.

아이가 어렸을 때는 이렇게 무한한 애정을 드러내고 맘껏 응원을 하다가 아이가 점점 자라면 엄마의 기대도 아이와 함께 자라게 된다. 과도한 기대와 욕심으로 아이들은 제대로 넘어질 수도 없다. 잘못하는 순간 야단을 맞기 때문이다. 넘어진 아이에게 엄마는 기대가 실망으로 바뀌어 좌절감에 짜증도 내고 상처 주는 말도 거침없이 한다.

"거봐라. 엄마가 뭐랬니? 만날 엄마 말 안 듣더니 자알 했다!"

실패로 가장 크게 낙심할 사람은 엄마가 아니라 당사자인 아이 자신이다. 그렇지 않아도 세상의 쓴맛을 경험하고, 시련의 과정을 견뎌내야 하는 아이를 엄마까지 나서서 공격해서는 안 된다. 엄마가 비평가가 될 필요는 없다. 엄마는 그저 '엄마역할'만 하면 된다. 넘어진 아이에게 "넌 할 수 있어. 자신감을 갖고 일어나렴. 엄마가 언제나 응원할게"라고 이야기하며 걸음마하는 아기를 응원하던 그 모습 그대로 아이 옆에서 격려하며 서 있기만 하면 된다.

2001년에 상영되었던 캐서린 하드윅 감독의 〈독타운의 제왕들^{Lords of Dogtown}〉이라는 영화가 있다. 초창기 스케이트보드를 타는 청년들의 이야기를 그린 이 영화의 배경이 된 실화를 간략히 살펴보자. 캘리포니아 산타모니카의 해변에 자리 잡은 서핑용품점 주인 스킵 엥블롬은 자신의 가게에서 얼쩡거리던 빈민가 아이들을 모아 서핑팀을 만들어 훈련을 시킨 뒤 서핑대회에 내보냈다. 상대편 선수는 우승 후보로 여겨질 정도로 실력이 출중했는데, 경기를 지켜보는 관중들은 당연히 엥블롬의 팀이 질 거라고 예상했다. 이때 팀 코치 역할을 했던 엥블롬은 대회 전 거물급인 상대편 선수에게 자기 팀 선수들이 다 듣도록 일부러 크게 말했다.

"걱정 마, 친구. 자네는 어차피 안 돼!"

대회가 시작된 이후 놀라운 일이 일어났다. 제대로 경기도 치러보지 않은 초보 신생팀이었던 스킵 엥블롬의 팀이 거물급 상대팀을 이긴 것이다. 그 후 이 서핑팀은 날씨의 영향으로 항상 서핑을 할 수 없는 점을 고민하다가 서핑보드를 스케이트보드로 바꿔 연습했다. 이들이 바로 초창기 스케이트보드 대회인 델 마르 대회에서 1977년도 우승을 차지해 화제가 되었던 Z보이스^{Z boys}다.

스케이트 보드팀 Z보이스 탄생에 큰 역할을 했던 스킵 엥블롬은 이 기적 같은 일에 대해 이렇게 말한다.

"중요한 것은 애들이 어릴 때 격려를 많이 해줘야 해요. 애들에게 무슨 말을 할 때는 제대로 알고 말해야 해요. 특히 시작하는 아이에게 말할 때는 굉장히 신중해야 하죠. 실력 향상이란 건 사실 자신감의 향상이거든요. 아이들은 무엇보다 먼저 자신감을 가져야 해요. 그래야 실력이 생기죠."

사실 이 이야기에 나오는 스킵 엥블롬은 동기심리학자들에게는 익숙한 사람이다. 아이들에게 동기를 주고 자신감을 주는 말 한마디가 얼마나 중요한지 일깨워주는 사례다. 학년을 올라가는 아이들에게 엄마들은 "작년같이 하면 큰일 나. 이젠 더 어려워졌어. 그런 만큼 더 열심히 해야 해"라고 당부한다. 물론 아이에게 긴장감을 주기 위한 의도로 하는 말이지만 아이들은 아직 미성숙하기 때문에 긴장을 하면 당면한 문제를 피해버리는 경향이 있다.

"학년이 바뀌니 좀 더 어려워졌지? 너 역시 그 정도의 문제는 해결할 수 있을 만큼 컸단다. 넌 할 수 있어!"

이렇게 미소 지으며 격려해주고 어깨를 두드려주면 된다. 아주 작은 일이라도 아이의 성장을 진심으로 기뻐하고, 엄마가 믿고 있음을 아이에게 보여주는 것만으로도 충분하다.

넘어지지 않으면 걸음마를 배울 수 없다. 제대로 넘어져야 제대로 일어날 수 있다. 어설프게 넘어지면 다치기만 할 뿐이다. 이때가 바로 교육의 순간이며 아이들이 성장할 수 있는 시작점이 되는 시간이다. 아이의 실패를 믿고 관대한 마음으로 기다려줘야 한다. 아이 스스로 실패를 거듭하면서 성공근육을 키울 수 있도록 지켜보고 응원해주어야 한다. 실패의 밑거름들이 모여 성공의 열매를 맺을 수 있음을 믿고 묵묵히 기다려야 한다.

2

'마음의 근육'
회복탄력성을 키워주어라

큰아이의 회복탄력성 키워주기 프로젝트

"한 어미의 자식도 아롱이다롱이"라고 우리 집 아들 녀석들도 생김새, 성격, 취향, 체질 등 다 제각각이다. 큰아들은 다른 아이에게 지거나 어른들에게 혼나는 것을 잘 참지 못한다. 무슨 일이든 잘해서 칭찬만 받고 싶은 욕심이 많기 때문이다. 어쩌다가 잘못한 일로 혼이라도 나면 금세 얼굴 표정이 바뀌어서 조용히 방으로 들어가버린다. 속상함이 풀리는 데도 시간이 한참 걸린다. 이에 반해 작은아들은 엄마에게 혼이 나도 언제 그랬나 싶게 바로 다가와서 안긴다.

작년에 있었던 일이다. 욕조에 물을 받아 둘이서 함께 물놀이를 하는

데, 서로 자리가 좁다느니, 상대방 물놀이 장난감이 더 좋다느니 하며 티격태격 싸우는 것이었다. 한참 동안 듣고 있다가 싸움이 더 커질 것 같아서 중재에 나섰다.

"준혁아, 욕조에서는 잠수를 할 수 없잖아. 너 혼자만 있으면 모르지만 동생도 같이 있는데, 잠수를 하면 좁지. 그냥 앉아서 물놀이만 해. 그리고 재혁이는 형이 싫어하니까 형한테 물 뿌리는 거 하지 마. 그래도 계속 싸우면 물놀이 그만하고 나와야 해!"

내가 단호하게 말했다. 그랬더니 작은아이는 "네, 알겠어요" 하며 장난스럽게 대답하는 반면 큰아이는 얼굴이 굳어지더니 "나 그만할 거야. 샤워하고 나갈 거야" 하더니 욕조에서 나오는 것이었다. 늘 칭찬만 받다가 엄마가 웃지도 않고 단호하게 말하니 속이 상했던 모양이다. 이렇게 우리 집 두 아이의 성격이 반대되는 이유는 타고나기도 했지만 태어난 순서에 따른 집안에서의 기대 등 여러 가지 이유가 있을 것이다. 구체적인 이유를 떠나 큰아이가 이만한 일도 감정 조절이 안 되나 싶어 속이 상했다. 이전부터 생각해왔지만 이대로는 안 될 것 같아 아이의 회복탄력성을 키워주기 위한 장기계획에 돌입했다.

아이 스스로 할 수 있는 일은 스스로 하도록 했다. 유치원 보낼 시간에 쫓긴다고 세수나 양치질을 시켜준다거나 가방을 챙겨주는 일들을 줄여나갔다. 정성들여 쌓은 작은 레고 블록들이 실수로 부서지면 속상하겠지만 다시 만들도록 격려해주었다. 아파트 단지 내 슈퍼마켓에 가서 물건을 사오도록 심부름하는 연습도 했다. 무엇보다도 사람은 누구나 실수하거나 실패할 수 있으므로 그 일 한 가지 때문에 낙심하지 않아야 함을 자주 이야기해주었다. 위인전 그림책을 보여주기도 하고 실생활에서 예를 들며 이야기를 나누기도 했다.

그런 노력 덕분이었을까? 큰아이가 차츰 변하기 시작했다. 부모에게 혼나도 잠시 후에는 안 좋은 기분을 툭툭 털어버렸다. 자신의 실수나 실패도 제법 잘 받아들였다. 그러면서 내가 하려고 한 일이 잘 안 되었을 때 "엄마, 포기하지 마. 다음엔 더 잘 할 수 있어"라며 오히려 엄마인 나를 격려하기도 했다.

탱탱볼을 손가락으로 누르면 들어갔다가 언제 그랬나 싶게 쏘옥 다시 튀어나온다. 탄력성이 좋은 탱탱볼은 다시 튀어나오는 속도도 빠르다. 탱탱볼이 아이의 마음이라면 손가락은 시련이다. 시련을 겪어도 아이의 마음이 금방 회복되는 성질, 이것이 바로 '회복탄력성'이다. 회복탄력성이란 쉽게 말해 마음의 근육이다. 아이가 자랄수록 회복탄력성은 중요해진다. 아이가 자랄수록 힘든 일도 점점 늘어나기 때문이다. 이때 힘든 일에 실패한 아이가 좌절하지 않고 시련을 떨치고 다시 일어나야 성장할 수 있고 성숙해질 수 있다. 사소한 일에라도 계속 마음을 다치는 아이는 세상에서 맞닥트리게 될 시련을 이겨낼 힘을 기르지 못하게 된다. 결국 스스로 불가능의 벽을 만들고 불행한 삶을 살게 된다.

회복탄력성을 키워 시련을 이겨내야만 성공적인 삶, 행복한 인생을 만들어갈 수 있다. 그러니 지금부터라도 시련을 이겨내는 힘, 마음의 근육을 키워야 한다.

실패한 실험으로 노벨화학상을 받은 다나카 고이치

2002년 10월, 박사학위 하나 없는 일본의 평범한 엔지니어가 노벨화학상을 수상해 세계를 깜짝 놀라게 한 일이 있었다. 노벨상의 주인공은 다나카 고이치였다. 교토 시마즈 제작소 생명과학연구소의 실험연구원으로 일했던 그는 어렸을 때부터 실험하기를 즐겼다. 연구소에 들어가고 나서도 다른 동료들과는 달리 승진에는 관심이 없고 오직 실험에만 몰두할 뿐이었다. 실험을 좋아하는 만큼 실패한 실험의 수도 많았다. 그러나 그는 실패에 굴하지 않고 정확한 결과가 나올 때까지 실험에 매달리고 또 매달렸다.

어느 날, 고이치는 실험 도중 아세톤을 섞어야 하는 금속 나노 입자에 글리세린을 붓는 실수를 하고 말았다. 그동안의 실패한 실험들이 누적되어 있는 이 상황에서 보통 사람들이라면 '바보같이 이런 기본적인 실험 하나 제대로 못하다니!' 하는 자책을 하며 다른 사람이 보기 전에 얼른 실수를 덮으려 했을 것이다.

그러나 고이치는 달랐다. 실수로 잘못 섞인 실험결과물이라도 그 결과를 기록으로 남기기 위해 화합물을 분석하고 질량을 측정했다. 그때 놀라운 일이 일어났다. 자신이 지금까지 얻지 못했던 미세한 화학분자의 질량값을 얻은 것이다. 그 일이 계기가 되어 그는 노벨화학상을 수상했다. 다나카 고이치는 지금까지 살아온 대로 실패를 두려워하지 않고 끝까지 포기하지 않은 결과 노벨화학상이라는 명예까지 얻은 것이다.

사람은 누구나 실패를 두려워한다. 실패를 하면 주위 사람들의 비웃음을 사게 되고 누군가를 실망시키기 때문이다. 아이들은 더욱 그렇다. 부모에게 인정받고자 하는 욕구가 더 크기 때문이다. 하지만 실패 없는 성공이란 있을 수 없다. 아이에게 실패가 있기에 성공이 있다는 것을 가르쳐주어야 한다. 실패를 반복하더라도 포기하지 않고 다시 도전하는 모습을 칭찬하고 그 노력을 인정해줘야 한다. 그러면서 아이는 결과보다는 과정이 더 중요하다는 깨달음을 얻게 될 것이다. 또한 실패에서 배우는 교훈을 통해 마음의 근육이 더욱 단단해지고 강해질 것이다.

일곱 살이 되는 올해, 큰아이는 자전거의 보조바퀴를 떼었다. 누구나 그렇듯이, 생애 처음으로 두발자전거를 배우는 큰아이는 자꾸만 넘어졌다. 뒤에서 붙잡고 있다가 살며시 놓으면 금세 중심을 잡지 못하고 이리 기우뚱 저리 기우뚱하다가 이내 넘어지고 말았다. 아이의 다리에 멍이 들고 살갗이 벗겨지기도 했다. 자전거보다 먼저 쓰러지는 바람에 자전거 밑에 계속 깔렸다. 마음은 얼른 달려가 자전거를 들어 올리고 아이를 일으키고 싶었지만 꾹 참았다. 그저 좀 떨어진 벤치에 앉아 "괜찮아?" 하고 물어보기만 했다.

그렇게 한참 동안 넘어지기를 반복했다.

"준혁아, 넘어진 데 많이 아프지? 이제 그만 들어갈까? 들어가서 약도 바르고 좀 쉬자."

"아니야, 괜찮아. 좀 더 탈래."

"자꾸 넘어지는데 힘들지도 않아?"

"괜찮아."

아이는 아무렇지도 않다는 듯 대답하며 포기하지 않고 계속 도전했다. 땀을 뻘뻘 흘려가며 혼자서 세 시간씩 연습하곤 했다. 삼 일째 되는 날, 드디어 큰아이는 뒤에서 누가 잡아주지 않아도 혼자 힘으로 출발할 수 있게 되었다. 자전거를 타는 동안에도 자세가 안정되어 보였다. 그때의 당당하고 뿌듯함이 가득한 아이의 표정이란! 아이는 이렇게 실패를 이겨내는 과정을 통해 조금씩 성장할 것이다.

성공학의 대가인 브라이언 트레이시는 "세상에 쉽고 편하게 성공을 이루는 법칙은 없다. 성공은 실패에 실패를 거듭할 때 조금씩 열리는 문과 같다"라고 말했다. 자전거를 배울 때 넘어지지 않으면 제대로 탈 수가 없다. 넘어질 때도 어떻게 넘어져야 자전거에 깔리지 않고 다치지 않고 잘 넘어질 수 있는지를 배워나간다.

아이가 넘어짐을 통해 성공을 배울 수 있도록 마음의 근육을 단단하고 두텁게 키우도록 도와주어야 한다. 두발자전거는 앞으로도 아이 혼자 타야만 한다. 언제까지고 엄마가 옆에서 자전거를 붙잡아줄 수는 없다. 아이의 인생 또한 마찬가지다. 앞으로 아이에게 펼쳐질 광대한 삶 속에서 엄마가 해줄 수 있는 역할은 지극히 적다. 그렇기 때문에 아이가 스스로의 삶 속에서 포기하고 좌절하지 않도록 회복탄력성을 키워주어야 한다. 그것이 앞으로 힘든 세상을 살아나갈 아이에게 엄마가 해줄 수 있는 가장 큰 선물이다.

3

×◇◇◇×

때론 너그럽게
때론 엄격하게

귀한 아이일수록 엄하게 가르쳐라

"엄마 때문이잖아. 난 몰라. 엄마가 책임져!"

쉬는 시간에 복도를 지나는데, 우리 반 아이 하나가 엄마에게 전화하는 모습을 보게 되었다. 무슨 일 때문인지 아이는 엄마에게 온갖 짜증을 다 부리고 있었고, 전화 너머 들려오는 엄마의 음성은 딸에게 쩔쩔매는 듯 보였다. 교무실에서 볼일을 마치고 다시 교실로 들어와 그 아이를 따로 조용히 불러 물어보았다.

"주희(이 책에 인용된 아이들의 이름은 대부분 가명임-편집자)야, 무슨 일 있니?"

“엄마가 미술 준비물 챙겨준다고 하고선 학교에 와보니 가방에 안 들어 있더라고요. 이따가 미술 시간에 준비물이 없어서 아무것도 못하게 됐어요. 이게 다 엄마 때문이에요.”

“주희야, 준비물은 엄마가 챙겨주시는 게 아니고 네가 스스로 할 일이잖아. 집에 없는 준비물만 부모님께 말씀드려서 사도록 하면 되잖니? 선생님이 보기엔 엄마 잘못이 아닌 것 같은데? 네 생각은 어때?”

이렇게 물으니 주희는 마지못해 “맞아요”라고 대답했다.

“그럼 집에 가서 엄마에게 짜증 부린 것 잘못했다고 말씀 드려야겠네?”

이번에도 주희는 작은 목소리로 짧게 “네”라고만 대답했다. 대답은 그렇게 했지만 선생님의 설명에도 불구하고 엄마에 대한 주희의 울분은 풀리지 않는 듯했다. 평소에도 주희는 엄마를 함부로 대하는 경향이 있었다. 엄마가 교실까지 데려다주거나 방과 후에 데리러 오는 모습을 보면 주희는 늘 엄마에게 ‘이렇게 해라, 저렇게 해라’ 지시하는 듯한 말투였다.

반면 엄마는 “그래, 알았어” 하며 딸 앞에서 쩔쩔매는 모습이었다. 주희의 엄마가 내 앞이라 온화한 모습을 보이기 위해 일부러 그런 게 아닐까도 생각해보았지만 그런 것 같지는 않았다. 교사인 나와 같이 있지 않을 때의 모습도 별반 다르지 않았기 때문이다. 그런 모습을 볼 때마다 그다음 날 주희를 불러 엄마에게 함부로 대하면 안 된다고 타일렀지만 한번 잘못 든 습관은 쉽게 고쳐지지 않았다.

왜 딸아이가 그렇게 행동하도록 방치하는지 주희의 엄마가 이해되지 않았다. 학부모상담 때 그동안 지켜본 모습과 교육적 견해를 주희 어머니에게 말씀드렸다. 그러자 어머니는 아이가 워낙 예뻐서 그렇다면서 말을 이었다.

"제가 워낙에 어렵게 낳은 자식이라서요. 10년 동안 애가 안 생겨서 포기하려다가 겨우 낳은 애라 제가 너무 '오냐오냐' 하며 키웠나 봐요. 앞으로는 주의를 줘야죠."

옛말에 "미운 자식 떡 하나 더 주고 귀한 자식 매 한 대 더 때린다"라는 말이 있다. 아이가 귀하면 귀할수록 바르게 키워야 한다. '눈에 넣어도 아프지 않을 금지옥엽 내 새끼', 이런 마음은 가슴속에만 담아두고 아이의 바른 인성 형성과 미래를 위해 부모로서의 권위를 보여줘야 한다. 아이를 예뻐하고 사랑한다고 해서 '친구 같은 부모'가 되는 것이 답은 아니다. 아이가 귀하다고 언제까지 상전으로 모실 셈인가. "귀엽다, 귀엽다 하니 상투 잡힌다"고 훗날 아이에게 부모 대접을 못 받는 일이 생길 수도 있다.

단호한 행동으로 아이 훈육하기

요즘 육아서나 텔레비전에서 '아이의 내면 들여다보기', '아이의 말을 존중하기', '아이에게 무조건적인 사랑 표현하기' 등 교육전문가들의 지침과 권고를 자주 접하게 된다. 그러나 이 말을 잘못 해석하는 부모도 많다. 아이의 말을 존중하라고 해서 무조건적으로 수용하고 받아주라는 의미는 아니다. 아이의 말은 경청하되 허용할 수 없는 요구는 단호하게 거절해야 한다. 거절하지 못하는 엄마는 약한 엄마다. 결국 아이에게 질질 끌려 다니게 되고 제대로 교육도 할 수 없게 된다.

이때 단호하게 거절하라고 해서 목소리를 높이거나 인상을 쓰면서 "안 돼!"라고 말하라는 뜻이 아니다. 거절도 얼마든지 부드러우면서도 단호하게 할 수 있다. 주변에서 보면 소리 지르면서 화내는 사람보다 오히려 낮은 목소리 한 마디로 정곡을 찔러 말하는 사람이 더 무섭지 않은가. 엄마도 그런 내공을 쌓아야 한다.

"엄마가 몇 번이나 말했어! 왜 시키는 대로 안 해! 제발 말 좀 들어라, 말 좀! 너 이번에도 말 안 들으면 진짜로 크게 혼날 줄 알아!"

교사가 옆에 있는데도 아이에게 이렇게 야단치는 학부모도 있다. 엄마가 몇 번이나 말했다는 것은 그만큼 엄마의 말에 권위가 서지 않고 효과도 없다는 반증이다. 그럼에도 불구하고 엄마는 아이에게 계속 잔소리를 쏟아낸다. 이런 경우에는 계속 말할 필요가 없다. 이런 식으로 위협하고 야단치는 잔소리는 엄마에게나 아이에게나 에너지를 낭비하는 일에 다름 아니다.

이럴 때는 단호한 행동이 필요하다. 올바른 일이 무엇인지 알아들을 수 있게 충분히 설명했는데도 아이가 행동을 고치지 않으면 행동으로 가르쳐야 한다. 행동으로 가르치라는 것은 체벌을 하라는 의미가 아니다. 예를 들면, 학년 초에 정하는 우리 반 약속 중에는 '학교에 장난감 가져오지 않기'가 있다. 장난감을 가져오면 수업시간에 집중할 수 없고, 다른 친구들도 장난감을 갖고 놀고 싶어 하기 때문이라는 이유를 설명했다. 만약 약속을 어기고 장난감을 가져오면 선생님이 보관하고 있다가 학년이 올라갈 때 돌려주겠다는 설명도 덧붙였다.

이 약속을 잘 알고 있음에도 깜박하고 학교에 장난감을 가져온 학생들도 더러 있다. 보통은 캐릭터 카드나 문구점에서 파는 조잡한 작은 장난감들이다. 그 학생들에게는 가방에서 장난감을 꺼내지 말라고 한다. 그럼에도 친구들에게 자랑하고 싶은 마음에 수업시간에 꺼냈다가 나에게 들키고 만다(내가 학생일 때, 선생님께서 교탁 앞에 서면 너희들이 뭘 하고 있는지 다 보인다고 말씀하셨다. 난 선생님께서 수업에 집중하라고 그냥 하시는 말씀인 줄 알았다. 그러나 내가 직접 교사가 되어 교탁 앞에 서니, 정말 신기하게도 아이들의 일거수일투족이 다 보인다). 미리 경고했음에도 장난감을 꺼내서 갖고 노느라 수업시간에 집중하지 못한 학생에게는 다시 말로 해봐야 소용이 없다. 약속한대로 장난감을 가지고 나오라고 한다. "이 장난감이 너무 재미있어서 수업에 집중을 할 수가 없구나. 선생님과 처음에 약속했던 대로, 이 장난감은 선생님이 보관하고 있어야겠다"라고 말한다. 그러면 학생은 수긍하고 장난감을 제 손으로 내 책상 서랍 속에 넣는다. 이런 일을 직접 겪고 나면 이 학생은 다시는 장난감을 학교에 갖고 오지 않는다.

학생 손으로 장난감을 서랍 속에 직접 넣게 하면서 "그러게, 왜 선생님 말을 안 듣니? 그동안 수없이 말했잖니! 그렇게 장난감을 만지작거리고 있으니 수업시간에 집중을 할 수 없지! 그래서 가지고 오지 말라는 거잖아! 너 때문에 수업도 못하고 이게 뭐니!" 등등 큰 소리로 주저리주저리 말할 필요가 없다. 앞에서처럼 딱 필요한 말만 낮은 목소리로 한두 마디 하면 된다. 아이에게 인신공격을 하지 않고 잘못된 행동만 명확히 짚어주며 그래선 안 된다는 메시지만 분명하게 전해주면 된다. 이것이 바로 단호한 행동으로 가르치는 것이다.

아이와 소통하고 공감하는 일은 매우 중요하다. 아이를 칭찬하고 격려하는 일 또한 그에 못지않게 중요하다. 아이의 자존감을 높여주는 일이기 때문이다. 그러나 뭔가 잘못했을 때도 제제를 가하지 못하거나 실수를 바로잡아주지 못한다면 오히려 아이를 망치는 일이 되고 만다. 아이가 처음 잘못을 했을 때는 왜 그런 행동을 하면 안 되는지 부드러운 목소리로, 그러나 자세하고 명확하게 설명해야 한다. 앞으로 또다시 실수를 하게 될 때는 어떻게 하는 것이 좋을지 아이와 미리 약속을 정해 두어야 한다. 만약 이런 과정을 거쳤음에도 똑같은 잘못을 한 경우에는 단호하고 엄격하게 아이를 바로잡아주어야 한다.

4

확고한 신념을 갖는 것은
좋은 육아의 시작이다

잘못된 인터넷 정보에 흔들리지 마라

결혼 후 아이를 기다리면서 인터넷 육아카페에 가입했던 적이 있다. 그 카페는 가입한 회원 수가 많았던 만큼 임신 준비방, 임신 중 예비맘방, 초보맘 육아방, 초등맘 육아방 등 다양한 방으로 나누어져 있었다. 하루에도 몇 만 명씩 다녀가는 그 카페에는 수많은 질문이 올라오고, 그와 관련된 수많은 대답이 오고 갔다. 서로 얼굴도 모르는 사이지만 주위에서 들은 이야기, 자신이 직접 경험한 이야기를 들려주며 조언을 아끼지 않았다. 그러나 그런 답변이 다 맞는 것은 아니었다. 앞에서도 육아에는 정답이 없다고 말했듯이 내 아이에게는 맞지 않는 정보도 적지 않았다. 또 교육자의 입장에서 볼 때 아이를 잘못된 길로 이끄는 명백히 틀린 정보도 더러 있었다.

P씨는 서른여덟 살이라는 비교적 늦은 나이에 첫딸을 낳아 누구보다도 육아에 관심이 많았다. 그녀는 늦게 낳은 아이를 잘 길러보려는 욕심에 인터넷 육아사이트와 블로그 등을 찾아보며 열심히 정보를 수집했다. 인터넷에는 돌도 안 된 아기에서부터 유치원생에 이르기까지 책 읽기에 빠진 아이들이 줄줄이 소개되어 있었다. 책을 읽고 영재성을 보이는 아이들의 모습이 신기하기만 했다.

P씨는 자신의 딸에게도 책을 열심히 읽혀서 영재로 키워보고자 했다. 아기 때부터 책을 끊임없이 보여줘야 한다는 말에 수백만 원을 들여 전집을 들여놓았다. P씨의 아기는 그렇게 10개월에 500권, 두 돌 때는 1,000권의 책을 읽어야 했다. 아기는 생후 10개월 무렵부터 기저귀를 갈고 젖을 먹는 시간 외에는 온종일 책만 찾을 만큼 심한 중독 증세를 보였다. P씨가 목이 쉬도록 읽어주면 아이는 눈동자도 움직이지 않고 늦은 밤까지 책을 보았다.

첫돌이 지날 무렵부터 P씨는 아이가 이상하다는 것을 느낄 수 있었다. 모든 사물에 관심을 보이던 아이의 눈빛이 흐리멍덩해졌기 때문이다. 아이는 때가 되어도 기지 않았고 돌이 지나도록 걷지 못했다. 걱정이 된 P씨는 인터넷의 유명 육아사이트를 뒤졌고, P씨의 아이처럼 몰입하는 것이 영재성의 증거라는 말에 안심하고 기뻐했다.

그런데 아이의 상황이 점점 더 나빠졌다. 다른 아이에 비해 신체 발달이 현저히 늦고, 세 돌이 지나도록 계단을 서너 개밖에 올라가지 못할 정도로 상황이 심각했다. 도저히 안 되겠다 싶어서 책을 끊었다. 책을 읽히지 않겠다고 결심하고, 그저 많이 놀아주려고 애썼다. 그러자 희한하게도 아이는 금세 책에서 멀어졌다. 아이의 눈빛도 점점 원래대로 돌아오고 있었다. P씨는 자신이 그동안 아이를 학대했다면서 무척이나 가슴 아파했다.

몇 년 전 한국일보에 실렸던 기사다. 잘못된 인터넷 정보가 오히려 아이에게 독이 된 전형적인 사례다. 엄마는 아이를 위해 그랬다고 하지만 아이에게 잘못된 정보로 행해지는 많은 일들이 폭력이고 학대나 마찬가지다. 이 아이의 경우, 아직은 어린 나이인 데다 엄마인 P씨가 그동안의 잘못을 깨닫고 올바른 방향으로 가기 위해 급선회를 해서 그나마 다행이다.

이 세상 모든 엄마들은 자신의 아이를 누구보다 아끼고 사랑한다. 그래서 다른 아이들보다도 잘 키워야겠다는 욕심이 생기기 마련이다. 엄마가 되면 모성애가 생기는 것이 자연스럽듯 욕심도 자연스럽게 따라붙는다. 컴퓨터 앞에 앉아 모니터를 바라보고 마우스를 이리저리 클릭하며 육아에 좋다는 새로운 이론과 넘쳐나는 정보를 메모한다. 그러나 아이를 잘 키우기 위해 욕심만 내세우다가는 자칫 큰일을 겪을 수 있다. 아이와 양육에 대한 지식과 신념, 적절한 행동전략이 필요하다.

엄마가 양육에 대한 신념이 약하면 흔히 말하는 팔랑귀가 되기 쉽다. 이쪽에서 이것이 좋다고 하면 이 방법을 따르다가 저쪽에서 저것이 좋다고 하면 다시 쪼르르 저 방법을 적용해본다. 이런 신념이 없는 엄마 밑에서 자라는 아이는 이리 갔다 저리 갔다 갈팡질팡 혼란스럽기만 하다. 아이는 엄마에게 잘 보이고 싶어 한다. 싫더라도 엄마가 좋아하는 일을 해서 기쁘게 하고 싶어 한다. 자랑스러운 자녀가 되고 싶어 하는 것이다. 그렇기 때문에 엄마가 시키는 일은 마지못해서라도 하게 된다. 아이의 이런 행동을 보고 "우리 아이는 시키는 대로 잘 따라해. 재미있어하던데? 어떤 때는 자기가 먼저 영어비디오 보겠다고 하더라고" 하며 안심하면 곤란하다. 어쩌면 당신의 아이는 엄마에게 싫다는 말도 못하고 안에서 곪아가고 있을지도 모르기 때문이다.

때론 부족한 것이 넘치는 것보다 낫다

요즘에는 거의 모든 학교에 장애 학생을 위한 특수학급이 있다. 그러나 우선은 장애 학생의 사회성을 기르기 위해 일반 학생과 같은 학급에 배정을 한다. 이런 학급을 '통합학급'이라고 부른다. 일반 학생들과 차이가 나는 주요 교과인 국어, 수학 시간에만 특수학급에서 일대일로 배우고 나머지 교과 시간에는 통합학급에 와서 일반 학생들과 같이 배우게 된다.

몇 년 전, 담임을 맡았던 학생 중 민수는 자폐판정을 받은 아이다. 처음 학기를 시작하면서 민수의 엄마와 상담을 했다. 엄마는 민수에게 돌 무렵부터 그림책을 읽어주기 시작했다. 그림책 보는 재미에 폭 빠진 민수는 장난감도 싫어했고, 대부분의 시간을 책만 보며 지냈다. 그런 민수는 두 돌이 되기 전부터 영어 알파벳과 한글을 읽기 시작했다. 텔레비전 화면에 영어 알파벳이 나오면 콕콕 집어내어 읽고, 길을 가다가 길가의 간판들을 더듬더듬 읽었다.

주변에서는 다들 영재 아니냐며 부러워했다. 그러나 민수의 엄마는 한편으로 불안했다. 두 돌이 넘도록 민수가 자발적으로 하는 말이 거의 없었기 때문이다. 엄마의 말을 한 자 한 자 따라는 하지만 스스로 먼저 말을 한 적이 거의 없었다는 것이다. 민수는 물이 먹고 싶으면 엄마의 손을 잡아끌어 냉장고로 데려갔고, 책을 읽고 싶으면 책장 앞으로 데려갔다. 증세가 심해지자 세 돌 무렵 병원을 찾아간 민수 엄마는 자폐 진단을 받고 그 자리에 주저앉았다고 한다. 민수는 그동안 의미도 모른 채 낭독만 하는 전형적인 초독서증 증세를 보여왔던 것이다.

"인터넷이나 주변엄마들 말을 들으니 아이에게 많은 자극을 줘야 한다고 하더라고요. 아이는 스펀지여서 다 흡수한다고, 그래서 온종일 책만 읽히고 한글, 영어 비디오를 너무 많이 보여줬어요."

민수 엄마는 끝내 울음을 터트렸다. 아이가 똑똑한 것 같아서 너무 많은 자극을 준 것이다. 과유불급過猶不及이란 사자성어는 이런 때 쓰는 말이리라. 지나침은 미치지 못함과 같다. 민수의 경우에는 차라리 조금 부족한 것이 나을 뻔했다.

머리가 좋은 아이도 단계에 맞는 적기교육을 하는 것이 두뇌 발달에 가장 좋다. 약간 미리 배우는 것은 괜찮지만 너무 선행하면 아무리 머리가 좋아도 과부하가 걸리기 마련이다. 유아기에 다른 아이들보다 머리가 좋아 보이는 아이들이 있다. 이런 아이들의 부모는 자칫 함정에 빠지기 쉽다. 아이를 기본보다 더 빨리, 더 많이 가르쳐야 한다고 생각하기 때문이다.

아이의 두뇌에 뭔가를 계속 넣어주어야 영재성이 계속 유지된다고 착각하는 것이다. 과부하가 걸리면 건강을 해치고 정서적으로도 문제가 생긴다. 두뇌의 회로가 엉망진창이 되어 망가진다. 영재로서 성공한 삶을 사는 것이 아니라 오히려 평범한 아이보다 못한 불행한 삶을 살게 될 수도 있다.

엄마는 아이를 사랑하기 때문에 아이에게 해주고 싶은 것이 너무 많다. 넘쳐나는 최신 정보를 다 적용해서라도 내 아이를 최고로 키우고 싶다. 그러나 그런 생각은 마음만으로 충분하다. 인터넷이나 주변 사람들을 통해 듣거나 알게 되는 육아정보를 접하면 일단 심호흡을 할 필요가 있다. 흥분되는 마음을 가라앉히고 냉정하게 생각해야 한다. 정보의 홍수 속에서 취사선택해서 내 아이에게 필요한 것은 취하고 필요 없는 것은 과감히 버려야 한다.

내 아이를 위하는 길, 내 아이를 진정으로 사랑하는 길은 엄마로서 신념을 확고히 하는 것에서 시작한다. 그럴 자신이 없다면 차라리 귀를 막는 편이 낫다. 잘못된 정보에 흔들리는 갈대 같은 엄마는 아이에게 독이 될 뿐이다.

5

사랑받고 자란 아이가
성공한 인생을 산다

카우아이 섬에서 태어난 833명 아이들의 성장 비밀

카우아이 섬은 하와이제도의 여러 섬들 중 최초의 화산활동으로 가장 이른 시기에 생겨난 섬이다. 이 섬은 자연경관이 뛰어나서 많은 영화가 촬영되었기 때문에 '태평양의 할리우드'라는 별칭까지 얻었다. 수많은 관광객이 찾는 유명하고 아름다운 관광지인 이 카우아이 섬의 1950년 대 상황은 지금과 사뭇 달랐다.

1955년, 이 섬에서는 833명의 신생아가 태어났다. 신생아들은 온갖 어려운 환경 속에서 자라야만 했다. 십대 미혼모나 알코올 중독자 부모에게서 태어난 아이도 많고 모유를 못 먹고 자라는 아이도 적지 않았다. 미국의 의사와 과학자들로 구성된 실험팀은 성장에 미치는 환경의 영향을 연구하기 위해 이 신생아들을 30년 동안 추적 조사했다.

이 중 열아홉 살의 필리핀계 아버지와 열여섯 살의 일본계 어머니 사이에 태어난 마이클이라는 아이는 출생 당시 체중이 2킬로그램의 미숙아였다. 마이클이 열 살 되던 해에 어머니는 그와 동생 셋을 버려두고 도망쳐서 어쩔 수 없이 할아버지 집에 얹혀살았다. 이런 환경에서는 아이들이 마약중독자나 불량배로 자라는 것이 일반적이었다. 그런데 놀랍게도 마이클은 성격도 밝았고 공부도 잘했다. 고등학교 때는 성적이 전교 10위 안에 들었고 학생회장이 되기도 했다. 우리나라의 수능시험과 같은 대입자격시험인 SAT 성적도 전국 상위 10퍼센트 안에 들어 명문대학에 장학금을 받고 입학할 정도였다.

연구팀 과학자들은 마이클의 사례가 매우 예외적인 일이라 생각하고 열여덟 살이 된 다른 아이들도 추적 조사해보기로 했다. 그 결과 전체 아이들의 70퍼센트 이상은 예상대로 문제아가 되어 있었고, 나머지 30퍼센트는 의외로 마이클처럼 정상적으로 성장했다. 똑같이 불행한 가정환경 속에서 자란 아이들이 어떻게 이처럼 똑똑하고 밝은 아이들로 성장할 수 있을까 의아하게 생각한 연구팀은 그 이유를 면밀히 조사하기 시작했다.

그 결과 정상적으로 자란 아이들에게는 한 가지 공통점이 있다는 사실을 알게 되었다. 그들에게는 자신을 이해하고 기대해주고 사랑해주는 어른이 적어도 한 명 이상 있었다. 그 사람이 조부모든 부모든 친척이든 그 세밀한 관계는 중요해 보이지 않았다. 단지 자신을 가까이에서 따뜻한 눈길로 지켜봐주고 무조건적인 사랑을 베푸는 사람이 단 한 명이라도 있으면 충분했다. 이 효과는 아이들이 서른 살이 될 때까지도 지속되었다. 이렇게 사랑을 받고 자란 30퍼센트의 아이들은 의사, 변호사, 교수 등 사회적으로 성공한 삶을 살고 있었다. 이에 연구팀 과학자들은 어릴 때 사랑을 받으면 성공한 삶을 살게 되고 사랑을 받지 못하면 실패한 삶을 살게 된다고 결론 내렸다.

아이들은 자신에게 무조건적인 기대와 사랑을 표현하는 사람의 기대에 부응하려고 노력한다. 그 사람을 기쁘게 하기 위해서다. 심리적인 안정감을 느끼기 때문에 성격도 자연스레 밝고 자존감도 높아진다. 실패에 대한 두려움도 없다. 그래서 하는 일마다 성공하는 것이다. 자신을 사랑으로 키워주는 사람이 누구든 상관없다. 그러나 그 대상이 엄마라면 더 큰 효과를 볼 수 있다.

직접적인 말로 사랑을 표현하라

"엄마, 나 얼마만큼 사랑해?"라고 묻는 큰아이에게 "엄마는 우리 준혁이를 하늘땅보다 더, 우주만큼 사랑하지"라고 대답하며 꼭 안아주었다.

"엄마, 그럼 나 사랑하는 만큼 뽀뽀해줘."

그럴 때면 아이의 눈, 코, 입, 볼, 턱, 귀, 목덜미까지 닥치는 대로 계속

'쪽쪽' 소리를 내며 빠른 속도로 뽀뽀를 한다. 그러면 아이는 간지러워서 깔깔거리며 이리저리 얼굴을 돌린다. 뽀뽀를 하는 중간중간에 이렇게 말한다.

"엄마가 준혁이를 사랑하는 만큼 뽀뽀하려면 열 밤 잘 동안 다 해도 모자랄걸?"

한 2~3분 동안 그렇게 뽀뽀를 해주고 나면 아이는 "그만 그만!" 하고 외치며 이제 충분하다고 말한다.

"엄마가 사랑하는 만큼 다 못했는데?"라고 일부러 아쉬운 척 말하면 아이는 "괜찮아! 다음에 또 하면 돼"라고 인심 쓰듯 대답한다. 이렇게 아이에게 '엄마의 사랑 확인 의식'은 끝이 난다. 그러고 나면 흐뭇한 미소를 지으며 곤히 잠이 든다. 매일 반복되는 일상은 아니지만 가끔 이렇게 엄마의 무한사랑을 보여주면 아이는 만족스러워할 뿐 아니라 정서적으로도 안정감을 느낀다.

사랑하는 연인을 보면 보통의 여자들은 "날 사랑한다면 그런 만큼 표현해줘"라고 말하고, 남자들은 "부끄럽게 꼭 그걸 말로 해야 아냐? 말 안 해도 다 아는 거잖아"라고 말한다. 그러면 여자는 "아니, 말 안하면 몰라. 내가 그걸 어떻게 알아?"라고 투정부리듯 이야기한다. 마음속으로만 사랑하고 표현하지 않는 남자는 연인이 떠나간 뒤 땅을 치고 후회해봤자 소용이 없다.

아이에게 엄마의 사랑이 절대적으로 필요함은 두말할 필요도 없다. 그러나 아이에 대한 사랑이 엄마의 마음속에만 존재한다면 문제가 있다. 엄마와 아이 사이도 연인 사이와 다를 바 없다. 엄마가 사랑을 표현하지 않으면 아이는 그 사실을 알 수가 없다. 말로, 행동으로, 몸으로, 다양한 방법으로 "엄마가 너를 이만큼 사랑한단다"라고 표현해야 한다. 그래야 아이가 엄마의 사랑을 느낄 수 있다.

유명한 심리학자인 조지 W. 크레인은 "사랑이란 사랑의 행위와 표현으로 양육되는 것"이라고 말했다. 즉, 사랑이란 은과 같아서 매일매일 관심과 애정을 기울이고 사랑을 표현하면서 갈고 닦지 않으면 변색되고 만다. 아이에게 사랑을 표현하는 방법은 어렵지 않다. 먼저 제일 쉬운 방법, 직접적인 말로 사랑을 표현하는 것이다. 간단히 "준혁아, 사랑해!"라는 말도 좋지만 가끔 다르게 표현하는 것도 좋다. 지나간 사진을 아이와 함께 보면서 "해마다 예쁘고 씩씩하게 자라는 너를 보는 게 엄만 정말 행복해!", "엄마에게 준혁이는 세상에서 가장 특별한 사람이란다!"라고 표현해도 좋다. 이렇게 말로 사랑을 표현할 때는 실제로 아이를 꼭 안아주면서 하면 두 배 이상의 사랑이 전달된다.

아이를 진심으로 존중하고 지지해주어야 한다. 아이가 잘못된 행동을 했을 때 아이와 싸워서는 안 된다. 그렇게 하면 아이는 엄마에게 공격당한다고 느끼기 쉽다. 그럴 때는 아이가 아니라 아이의 문제행동과 싸워야 한다.

"준혁아, 어떻게 하면 이 습관을 고칠 수 있을까? 우리 같이 생각해볼까?"

문제행동을 어떻게 하면 해결할 수 있을지 함께 고민하고 해결책을 찾아야 한다. 엄마는 아이와 늘 같은 편임을 인지시켜주어야 한다. 성공하는 아이로 키우는 지름길은 사실 특별하지 않다. 아이에게 조건 없는 사랑을 베푸는 것이다. 앨버트 아인슈타인, 토머스 에디슨, 빌 게이츠 등 세계적인 천재들의 재능도 기계적으로 반복한 학습의 산물이 아니었다. 바로 엄마의 따뜻한 사랑과 격려의 산물이었다. 내 아이도 성공하도록 키우고 싶은가? 그렇다면 아이에게 넘치도록 사랑을 베풀어라.

또 다른 방법은 간접적으로 사랑을 표현하는 것이다. 엄마가 아이에게 관심이 많음을 표현하는 방법이다. 이때 주의할 점은 엄마의 욕심이 드러나는 관심이 아니라 아이와 소통하는 관심이다. 많은 엄마들이 아이가 좋아하는 캐릭터 장난감은 사줘도 캐릭터 주인공의 이름은 모른다. 또 캐릭터가 나오는 시리즈 만화의 주제가도 잘 모른다. 아이가 서너 살 되었을 때는 노래 부르는 모습이 마냥 신기해 같이 부르기도 하지만 예닐곱 살이 되면 무슨 노래인지도 모른다. 아이에게 사랑을 표현하는 방법은 아이와 같이 노래를 부르며 공감대를 형성하는 것이다. 엄마가 큰 소리로 같이 노래를 불러주면 아이는 신나서 더 큰 소리로 노래를 부른다.

온몸을 기울여 아이의 말을 들어주어라

아이가 엄마를 향해 말을 할 때는 하던 일을 멈추고 아이의 눈을 바라보며 아이의 말에 귀 기울여야 한다. "엄마!" 하고 부르는 아이에게 뒷모습만 보여주며 "응 말해. 듣고 있어"라고 말하는 모습에서 아이는 엄마의 사랑을 느끼기 어렵다. 사랑에 빠진 사람이 상대방의 말에 온전히 집중하듯 아이의 말에도 집중해야 한다. 그래야 엄마의 사랑이 아이에게 고스란히 전달된다.

아이는 엄마가 자기 말에 귀를 기울여 온몸으로 들어주기를 원한다. 말 그대로 경청(傾聽)해주기를 바라는 것이다. '아이 말에 귀 기울여 온몸으로 듣기', 즉 경청에 관한 묘사로는 구로야나기 테츠코의 『창가의 토토』가 단연 압권이다. 1982년에 일본에서 처음 출간되어 그 해에만 570만 부가 팔려 20세기 최고의 베스트셀러가 된 『창가의 토토』에는 매우 인상적인 장면이 나온다.

"댁의 따님은 수업 중에 책상 뚜껑을 백 번도 더 열었다 닫았다 합니다. 어째 조용하다 싶으면 이번에는 창가에 서 있는 거예요……."

워낙 주의가 산만하고 독특한 아이였던 주인공 토토는 처음 입학한 초등학교에서 적응하지 못하고 '퇴학'을 당한다(사려 깊은 엄마의 배려로 토토는 자신이 당시 다니던 학교에서 퇴학당했다는 사실을 스무 살이 넘어서야 알게 된다). 이후 엄마의 손을 잡고 재입학하기 위해 찾아간 곳은 고물이 된 전철 여섯 량을 연결해 교실로 쓰는 도모에 학원으로, 일종의 대안학교였다. 이곳에서 토토는 자신의 평생 은인인 고바야시 소사쿠 교장 선생님을 만난다. 다음의 내용은 토토가 도모에 학원에 간 첫날 교장실에서 소사쿠 교장 선생님과 마주앉아 이야기 나누는 장면이다.

그때, 토토는 왠지 태어나서 처음으로 진짜 좋아하는 사람과 만난 것 같은 기분이 들었다. 그도 그럴 것이 태어나서 지금까지 이렇게 긴 시간 동안 자기 얘기를 들어준 사람이 없었던 것이다. 그리고 그 오랜 시간 동안 단 한 번도 하품을 하거나 지루한 표정을 짓지도 않고, 토토가 얘기하는 내내 똑같이 몸을 앞으로 내민 채 열심히 들어주었던 것이다.

상대방이 얘기하는 동안 하품을 하거나 지루한 표정을 짓지 않는 것, 상대방이 얘기하는 내내 몸을 앞으로 내민 채 열심히 들어주는 것, 이것이 바로 '경청'이다. 소사쿠 교장 선생님은 다른 학교에서는 도저히 감당이 안 된다며 퇴학시킨 아이 토토를 진정으로 따뜻하게 맞아주었을 뿐 아니라 네 시간 동안이나 그 아이가 하는 (두서없는) 얘기를 진정으로 귀 기울여 들어주었던 것이다. 가정이나 학교에서 일에 쫓겨 아이들의 얘기를 건성으로 듣게 될 때마다 마치 죽비처럼 『창가의 토토』의 이 장면이 떠올라 스스로를 꾸짖곤 한다.

6

더 많이 안아주고
더 많이 쓰다듬어주어라

해리 할로의 충격적인 원숭이 실험

1학년 학생들의 하굣길에는 교문 앞까지 아이들을 데리고 나간다. 학생들의 안전한 귀가를 위해 학교 앞 횡단보도를 안전하게 건너도록 도와준다. 그럴 때 가끔 학부모님들 몇 분이 교문 앞에 마중 나와 있는 모습을 보기도 한다. 줄 서서 질서정연하게 가던 아이들은 엄마가 보이자 갑자기 흥분상태가 되어 "엄마!" 하고 외치며 달려가 와락 안긴다.

그럴 때 엄마들의 반응은 다양하다. 선생님 앞에서 어리광 부리는 아이가 부끄러운지 "얘가 왜 이래? 아기처럼……" 하고 들으라는 듯 작지 않은 소리로 말하며 나를 보고 멋쩍게 웃는 엄마도 있다. 반면에 "아이고, 우리 딸 왔어?" 하고 활짝 웃으면서 아이를 더욱 꼭 끌어안아주는 엄마도 있다. 겨우 반나절 안 봤을 뿐인데도 마치 이산가족 상봉한 듯 뜨겁게 포옹한다. 나도 자식 키우는 엄마이고 아이들의 마음이 이해가 되어 그런 엄마와 딸의 모습이 더 좋아 보인다. '저 아이는 엄마에게 듬뿍 사랑받으며 자라는구나' 하는 생각에 내 마음도 흐뭇해진다.

엄마와 아이의 스킨십이 아이의 성장에 얼마나 중요한지 다음의 실험을 보면 알 수 있다. 1957년, 위스콘신 대학의 심리학자 해리 할로는 엄마와 아이 사이의 애착의 영향 정도를 알아보기 위해 대체동물인 원숭이를 대상으로 실험을 했다. 어미 원숭이에게서 새끼 원숭이를 떼어내어 가짜 어미가 있는 우리로 옮겼다. 가짜 어미는 두 종류였는데, 하나는 철사로 된 모형이고 다른 하나는 철사 모형을 따뜻한 털로 감싸진 모형이었다. 철사로 만든 어미에게서는 젖병을 연결해 젖이 나오는 반면 철사 모형을 털로 감싼 어미에게서는 젖이 나오지 않았다. 하지만 촉감이 부드러워 진짜 어미 같은 포근함을 느낄 수 있도록 했다. 즉 먹이를 택할 것인지, 어미의 사랑을 택할 것인지를 알아보는 실험이었다. 과연 새끼 원숭이가 어느 어미에게 갈 것 같은가?

실험에 참가한 학자들 대부분 원숭이는 동물이고, 또 새끼인지라 당연히 따뜻한 사랑보다는 먹이를 찾아 안길 것으로 예상했다. 그러나 예상은 보기 좋게 빗나갔다. 새끼 원숭이는 털로 감싼 포근한 어미에게서 떨어질 줄 몰랐다. 털로 감싼 어미의 모형을 꼭 끌어안고 털을 핥고, 어미 모형 위에서 모형을 끌어안고 잠을 잤다. 그러다가 배가 고파서 참을 수 없을 때만 겨우 철사 어미에게 가서 우유를 먹고 왔다. 이렇게 새끼 원숭이들은 실험 과정 7년 동안 진짜 어미 없이 영양공급만 받으며 자랐다. 털로 감싼 모형 어미에게 일방적인 사랑만 표현하면서 어른 원숭이로 자라긴 했지만 신체적으로는 허약했다.

놀랍지 않은가? 영양공급을 제대로 받았음에도 새끼 원숭이들이 허약하다는 사실이 말이다. 이유는 간단하다. 면역체계를 담당하는 호르몬 분비가 제대로 되지 않았기 때문이다. 그러나 더욱 충격적인 사실은 어미 없이 자란 새끼 원숭이들의 뇌 사진을 찍어보니 일반 원숭이들에 비해 뇌의 크기가 매우 작고 지능이 낮았다는 점이다.

그렇다면 어미의 사랑을 받지 못하고 자란 이 새끼 원숭이들은 어른이 되어서 어떻게 행동했을까? 어른이 된 이 원숭이들은 원숭이 집단에서 제대로 어울리지 못하고 반복적으로 이상행동을 보였다. 수컷들은 난폭하고 잔인했다. 사회성이 형성되지 않은 데다 교미방법도 몰라 강제로 번식을 시켜야 했다. 어미 없이 자란 암컷은 새끼를 낳아도 새끼를 죽여버리거나 냉담한 태도를 보이며 돌보지 않았다. 어미로서의 모성은 찾아볼 수조차 없었다. 이 실험으로 모성도 유전이 아니라 엄마와의 사랑으로 형성된다는 사실이 밝혀졌다.

이 실험을 통해 엄마의 사랑이 담긴 따뜻한 스킨십이 아이를 키우는 데 있어 그 무엇보다도 우선됨을 알 수 있다. 신체 발달, 지능 발달, 사회성 발달과 모성까지 엄마가 주는 스킨십의 영향은 엄청나다.

태어나면서부터 부모가 자주 안아주고 쓰다듬어주어 긍정의 스킨십을 충분히 받고 자란 아이는 지능 발달에 많은 도움을 주는 '베타 엔돌핀'의 분비가 촉진된다. 또한 스킨십을 통해 엄마의 피부와 아이의 피부가 맞닿게 되고, 이때 전달받은 미세한 자극도 뇌에 빠르게 전달되어 긍정적인 반응이 나타나게 된다. 이로써 두뇌 발달도 자연스럽게 이루어진다. 엄마와의 스킨십을 통해 교감하는 아이는 정서 발달도 함께 이루어져 좌뇌와 우뇌의 균형적인 발달을 꾀할 수 있다.

며칠 전 마트에서 덩치 큰 남자아이가 팔을 벌려 엄마를 안으려고 하고 엄마 손을 꼭 붙잡으려고 하는 모습을 보았다. 그 아이는 대략 4, 5학년 정도 되어 보였다. 그런데 그 아이의 엄마는 아이에게 "다 큰 애가 왜 이래? 징그럽게? 사람들이 다 쳐다본다. 바쁘니까 떨어져!"라고 말하는 것이었다. 그럴수록 남자아이는 엄마에게 더 달라붙으려 했다. 아마도 장볼 시간은 한정되어 있어 바쁜데, 아이가 귀찮게 해서 시간이 자꾸 더뎌지는 모양이었다.

그 아이의 엄마가 화를 내면서 말하지는 않았지만 아이에게 이런 식의 대응은 옳지 않다. 아이는 '엄마, 저 좀 봐주세요. 저 좀 사랑해주세요'라는 신호를 계속 보내고 있는데도 엄마는 그 신호를 무시하고 못 듣고 있는 것이다. 이럴 땐 차라리 쇼핑카트를 멈추고 단 몇 초라도 아이를 꼭 끌어안아주면 그 아이는 더 이상 조르지 않을 것이다. 그것이 오히려 시간을 절약하는 방법이다.

엄마의 생각에 다 큰 아이라 하더라도 아이가 원한다면 스킨십을 충분히 해줘야 한다. 아마도 이 남자아이는 어린 시절부터 지금까지 자라면서 엄마에게 충분한 스킨십을 받지 못했을 것이다. 그런데 아이가 원하는 이때마저 엄마가 장난으로라도 스킨십을 거절한다면 아이의 결핍은 결국 채워지지 못한 채 어른이 되고 만다. 상처받은 내면 아이가 결핍인 상태로 자란 어른들은 그만큼 자존감이 부족하여 매사에 실패를 두려워하게 된다. 또한 원만한 사회성이 발달하지 못해 사람들과의 관계 형성이 어렵기만 하다. 앞의 사례에서 어미 없이 자란 새끼 원숭이들과 별로 다를 바 없다.

초등학교 고학년 아이도 엄마와 충분한 스킨십을 통해 정서 교감을 나눈다면 어린아이 같은 행동은 자연스럽게 줄어든다. 화를 내며 아이를 밀어내거나 민망해하기보다 충분히 안아주고 따뜻하게 보듬어주어야 한다.

그러나 한 가지 주의할 점이 있다. 스킨십이 중요하다고 해서 무턱대고 안아주어선 안 된다. 스킨십은 아이와의 정서적 교감이 목적이다. "연애할 때 여자들은 사랑 표현을 좋아하니까 최대한 많이 표현해야 한다"라는 말을 듣고, 상대 여성의 기분은 파악하지도 않은 채 무턱대고 달려들어 안고 뽀뽀하는 철부지 남성은 아마 없을 것이다. 엄마와 아이 사이도 마찬가지다. 선생님에게 호되게 혼이 나서 풀이 죽어 있는 아이에게는 엄마의 포옹이 특효약이다. 그러나 공부와 친구문제 등 여러 가지 일로 스트레스를 받아 예민해져 있는 아이에게는 엄마가 가까이 다가오는 것만으로도 귀찮고 짜증 날 수도 있다. 그러니 먼저 아이의 감정 상태를 파악하고, 아이가 보내는 무언의 신호에 안테나를 세워야 한다.

스킨십은 단순히 엄마와 아이의 피부만 접촉하는 것이 아니다. 서구에서는 이웃끼리도 볼에 가벼운 뽀뽀를 하며 인사를 나누는 문화가 형성되어 있다. 그런데 이렇게 형식적 인사의 스킨십으로 상대방과 교감하는 것은 아니다. 그저 형식적인 인사의 한 방법일 뿐이다.

부부 사이에서도 아이들 앞에서는 교육상 부모관계가 좋은 모습을 보이고자 노력하지만 부부간에는 서로 정이 없는 경우가 있다. 출근길 집을 나서기 전 부부는 아이들 앞이라 서로 사랑하는 척 포옹을 한다. 그렇다고 해서 이런 무미건조한 스킨십으로 부부간의 교감이 이루어진다고 보기는 어렵다. 아이와의 스킨십도 마찬가지다. 가슴은 따라주지 않지만 머리에 든 육아이론 때문에 형식적인 포옹으로 아이를 안아준다면 아이의 몸 역시 엄마의 형식적인 사랑을 단번에 알아차린다. 아이에게 담뿍 사랑과 애정을 담아 꼭 안아주어야 한다. 그래야 아이는 '내가 사랑받고 있구나'라고 느끼며 자존감이 높아지고 자신감이 충만해진다.

엄마와의 포옹은 아이에게 안정감을 주며, 자신이 필요한 존재임을 느끼게 해준다. 그렇기 때문에 엄마와 애정이 담긴 스킨십을 자주 주고받는 아이들은 밝고 긍정적이다. 모든 아이는 놀라운 잠재력을 갖고 태어난다. 아이가 그 잠재력을 능력으로 키워가도록 돕는 것은 엄마의 사랑이 담긴 스킨십이다. 아이의 타고난 무한한 잠재력을 제대로 발휘하도록 하기 위해서는 어린 시절 엄마의 스킨십이 절대적으로 필요하다는 뜻이다. 하루에도 몇 번씩 아이를 안아주자. 아이가 충분히 안정감을 느낄 수 있도록 더 많이 안아주고 더 많이 쓰다듬어주자.

7

⬦⬦⬦⬦

아이의 미래는
부모가 말하는 대로 된다

17년간 바보로 살았던 사람을 아는가? '바보 빅터'라고 불리던 그는 어렸을 때부터 말을 더듬고 느리게 말하며 생각 또한 남달랐다. 이를 이상하게 여긴 부모는 여섯 살 때 아동상담센터를 찾아가 검사받은 결과 언어장애와 인지장애가 있다는 판정을 받았다. 빅터의 부모는 물론이고 빅터 자신까지 이 말을 곧이곧대로 믿었다.

빅터가 열다섯 살이 되자 학교에서 IQ 검사를 했다. 스스로를 바보로 여기던 빅터는 다른 아이들에게 '바보 빅터'라고 놀림받는 것이 익숙했다. 심지어 선생님까지 바보는 IQ 검사를 하나마나 검사결과가 잘 나올 리 없다고 단정 지었다. 예상대로 바보 빅터의 검사결과는 IQ 73이었다.

교내 과학발명 아이디어 경진대회에서 빅터가 기발한 아이디어를 냈는데도 IQ 73의 작품이라는 담당선생님의 고정관념으로 심사대상에 조차 들지 못했다. 끝내 빅터는 학교를 마치지 못한 채 사람들이 부르는 대로 '바보 빅터'로 17년을 살았다.

그러다 우연한 기회에 학교에서 실시했던 IQ 검사의 결과가 73이 아닌 173임을 알게 되었다. '바보 빅터'라고 불렀던 선생님이 '바보니까 당연히 73이겠지'라고 생각하고 검사결과를 잘못 말했던 것이었다. 선생님과 주변 사람들의 말대로 바보로 살아왔던 사람, 호아킴 데 포사다의 『바보 빅터』의 주인공, 그가 바로 IQ 173의 멘사 회장 빅터 세리브리아코프다. 놀라운 것은 자신이 바보가 아님을 알게 된 이후 빅터는 뛰어난 재능을 발휘하며 천재적인 삶을 살게 되었다는 것이다.

"말이 씨가 된다"라는 속담처럼 말에는 신비한 힘이 있다. 그래서 사람은 말을 할 때 신중해야 하고 조심해야 한다. 아이를 키우는 부모라면, 특히 엄마라면 더욱 주의 깊게 말해야 한다. 엄마는 아이와 많은 시간을 함께할 뿐 아니라 가장 친밀한 존재이기 때문이다.

"너는 그것도 제대로 못해? 내가 너 때문에 못 살겠다!"라며 화가 날 때는 아무 생각 없이 아이에게 함부로 말하게 된다. "그렇게 공부해서 네가 좋은 대학 들어갈 수나 있겠냐!"라는 말은 좀 더 자극을 받아 더 열심히 노력하라는 뜻이기도 하다. 그러나 이런 부정적인 말들은 아이에게 오히려 독이 된다. 아이의 기를 죽이고 자존심을 상하게 하고 열등감이 자리 잡도록 만들기 때문이다.

전 세계적으로 유명한 토크쇼, 〈오프라 윈프리 쇼〉에서 한번은 '자기혐오에 빠진 여성들'이란 주제로 방송을 했다. 여기에 출연한 트레이시는 수십 년간 자신을 못난이라고 여기며 실패한 인생을 살아왔다. 그 이유는 어렸을 때부터 부모들이 자신을 '못난이'라고 불러왔기 때문이다. 가족들은 무슨 말을 할 때마다 "우리 못난이가 밥 먹고 있네", "우리 못난이가 숙제도 하네" 하면서 항상 '못난이'라는 단어를 그녀에게 뿌리 깊이 각인시켜주었다. 그 영향으로 트레이시는 항상 스스로를 '나는 너무 못생겼고, 재능도 없고, 하는 일마다 다 망쳐버려. 못난이니까 당연하지'라고 여겨왔다.

그러나 토크쇼에 같이 출연한 부모로부터 그녀를 못난이라고 불렀던 숨겨진 이유를 듣고 모두가 놀랐다. 그녀가 다섯 살 때 백화점에서 유괴당할 뻔한 일이 있었다. 아이가 너무 예뻐서 나쁜 일을 당했다고 생각한 부모는 그 뒤로 못난이라고 부르기 시작한 것이었다.

그녀는 사실 상당한 미모의 소유자였다. 그러나 가족들이 좋은 의도에서 시작한 '부정적인 말' 때문에 그녀는 좀처럼 부정적인 자기 이미지를 떨쳐낼 수가 없었다. 결국 수십 년간 실패의 늪에서 헤어나지 못했던 것이다. "내가 이미 수천 번도 넘게 말했지만 나는 이 자리에서 한번 더 말하고 싶다. 세상에서 부모가 되는 일보다 더 중요한 직업은 없다"라고 오프라 윈프리는 말했다. 부모는 거저 될 수 없다. 부모가 되었다면 그만큼 내 아이에게 책임을 져야 한다. 사소한 말 한마디, 부주의한 행동 하나하나가 쌓여서 내 아이의 앞길을 망칠 수 있다.

세상에 태어난 모든 아이는 천재다. 누구나 되고 싶은 대로 되고, 하고 싶은 대로 할 수 있는 무한한 가능성을 갖고 태어났다는 말이다. 천재의 잠재성을 갖고 태어난 아이를 천재로 키우느냐, 평범하게 키우느냐는 부모의 몫이다. 아이를 키우면서 사랑과 관심, 격려와 응원의 메시지를 보낸다면 아이는 무한한 잠재력을 키워나갈 수 있을 것이다.

지능보다 노력을, 결과보다 과정을 칭찬하라

스탠퍼드 대학교의 사회심리학자인 캐롤 드웩 박사는 사소한 칭찬이 노력과 실력 향상에 얼마나 커다란 영향을 미치는지 알아보기 위해 한 가지 실험을 했다. 뉴욕의 5학년생 400명을 대상으로 한 이 실험의 첫 단계는 아이들 모두에게 매우 쉬운 시험지를 풀게 하고 채점 결과를 나눠주면서 칭찬 한 마디씩을 덧붙이는 것이었다. A그룹의 아이들에게는 "똑똑하구나!"라고 말하며 지능에 대한 칭찬을 했고, B그룹의 아이들에게는 "애썼구나!"라고 말하며 노력에 대한 칭찬을 했다.

실험의 두 번째 단계에서, 아이들은 어려운 시험과 쉬운 시험 중 한 가지를 선택해 풀게 했다. 그 결과 지능을 칭찬받은 A그룹의 대부분이 쉬운 시험지를 선택한 반면 노력을 칭찬 받은 B그룹의 아이들 90퍼센트가 어려운 시험지를 선택했다.

세 번째 시험은 두 그룹 모두 매우 어려운 시험지를 풀게 했다. 그러나 이때에도 두 그룹의 상황은 달랐다. 지능에 대해 칭찬받은 A그룹 아이들은 어려운 시험을 풀지 않으려고 한 반면 노력에 대해 칭찬받은 B그룹 아이들은 해답을 찾기 위해 노력하고 전략을 실험하면서 깊이 생각하며 문제에 집중했다. 또한 시험을 풀고 난 후에도 시험문제를 해결해가는 과정이 좋았다고 말했다.

이에 캐롤 드웩 박사는 "아이들의 지능을 칭찬하는 것은 지능이 문제의 핵심이라고 말하는 것과 같다. 이는 똑똑해 보이는 게 중요하니까 실수를 하는 위험을 무릅쓰지 말라는 메시지를 보내는 셈이다"라고 말했다. 이 실험을 통해 칭찬도 어떻게 하느냐가 중요하다는 점을 알 수 있다. 아이의 잠재력과 천재성을 키워준다고 "넌 똑똑하니까 할 수 있어", "우와, 우리 준혁이가 이걸 해내다니, 역시 준혁이는 똑똑해!"라고 아이의 지능이나 두뇌를 칭찬하는 말은 바람직하지 않다. 대신 아이의 숨겨진 잠재성, 재능을 찾을 수 있도록 칭찬해야 한다. 결과를 칭찬하기보다는 과정을 칭찬해야 한다.

"이번 시험에서 올백 맞으면 스마트폰 사줄게."

"시험에서 백점 맞을 때마다 용돈 만 원씩 줄게."

보통의 부모들이 아이가 학교 시험을 마치면 시험결과에 따라 보상을 한다. 그러나 이보다는 시험을 마치는 날, 그동안 시험공부 하느라 애썼다는 의미로 가족들과 외식을 하는 등의 방법이 훨씬 낫다. 이는 앞으로 나올 시험결과에 상관없이 아이가 시험을 잘 보기 위해 노력한 과정을 칭찬하는 것이기 때문이다.

지나치게 잦은 칭찬은 오히려 아이에게 독이 될 수 있음을 명심해야 한다. 늘 칭찬만 받던 아이가 한 번이라도 실패하게 되면 그 사실을 받아들일 수 없게 된다. 앞에서도 언급했던 회복탄력성이 부족하기 때문이다. 그러니 정당한 행동에 대해서만 칭찬을 해야 한다.

아홉 살 때 담임선생님에게 '어느 분야에서도 성공하지 못할 아이'라는 혹평을 받았던 아인슈타인은 어머니의 끊임없는 격려로 힘을 얻었고 노벨물리학상을 받으며 세계적인 천재물리학자로 이름을 날렸다. 내 아이가 잘되기를 바라는가? 내 아이가 최고로 성공하길 바라는가? 내 아이가 행복한 인생을 살길 바라는가? 그렇다면 아인슈타인의 어머니처럼 아이에게 밝은 미래를 선물하는 긍정적인 말을 들려주자.

8

아이와 있을 때는
온전히 아이에게 집중하라

다시는 오지 않을, 아이와 함께하는 시간

1학년은 교육과정상 여름방학을 앞두고 그림일기에 대해 배운다. 처음 일기쓰기를 배우는 단계이기 때문에 학생들에게 그림일기에 대해 설명하고 수업시간 동안 써보도록 유도한다. 어제 있었던 일 중에서 가장 기억에 남는 일을 쓰기로 하고 학생들에게 쓸 시간을 주었다. 다 쓴 학생들의 일기를 봐주고 있는데, 한 남학생의 일기 그림이 인상적이었다. "이건 뭐하는 그림이니?" 하고 물으니 "아빠는 텔레비전을 보고 있고, 저는 숙제하고 있어요" 하고 아이가 대답했다. 그림만 보아도 알 수 있는 내용이었다.

학생이 그린 그림은 아빠는 거실 소파에서 누워 텔레비전을 보고 있고, 자기는 소파 앞에서 책상을 펴 놓고 공부하는 모습이었다.

"그렇구나"라고 답하며 아이의 일기를 봐주는데, 마음이 답답했다. 그 순간 아이는 얼마나 힘들었을까? 텔레비전을 보고 싶은 마음도 있고, 숙제도 해야 하고……. 아마 제대로 집중하기 어려웠을 것이다. 아이가 숙제하는 옆에서 아빠가 같이 책을 읽지 못할 상황이라면 최소한 텔레비전이라도 꺼줘야 한다.

이 아이의 아빠뿐 아니라 우리나라의 많은 부모들의 모습이 이와 크게 다르지 않다. 아빠는 하루 종일 업무에 시달리다가 집에 오면 쉬고 싶은 마음이 간절할 것이다. 무념무상의 상태로 텔레비전을 켜 놓고 긴장을 다 내려놓는다. 엄마들도 마찬가지다. 아이한테는 방에서 숙제하라고 하고선 드라마를 보는 경우가 많다. 또 워킹맘이든 전업맘이든 집안일을 뒤로 미룰 수가 없다. 식사 준비도 해야 하고, 식사 후엔 설거지도 해야 한다. 간단하게나마 청소도 하고 정리도 해야 한다. 그러다 보면 한도 끝도 없는 집안일을 하느라 아이에게 제대로 신경 써 줄 겨를이 없다.

"엄마, 나랑 놀아줘."

"응, 엄마 밥 좀 하고."

"엄마, 이젠 밥 다 했으니까 나랑 놀아줘."

"밥 먹고 놀아야겠지?"

"엄마, 이제 밥 다 먹었으니까 놀자."

"잠깐만 설거지 좀 하고."

"치, 놀아준다고 약속해 놓고선. 엄마, 미워!"

결국 상황은 이렇게 되고 만다. 엄마는 엄마대로 넘쳐나는 집안일 때문에 아이가 옆에서 자꾸 보채는 것이 귀찮고 짜증이 난다. 어느 정도 집안일을 마치고 아이에게 다가가면 아이는 엄마가 좋으니까 엄마와 함께 있고 싶어서 언제 토라졌나 싶게 함박웃음을 짓는다.

그러나 이미 집안일을 하느라 에너지를 다 써버린 엄마는 얼마 놀아주지도 못하고 금방 피곤해한다. 놀아주더라도 건성으로 놀아주기 쉽다. 그러니 아이는 엄마와의 놀이가 재미있을 리가 없다. 아이는 엄마에게 실망하고 더 이상 기다리지 않는다. 이미 엄마에게 마음의 문을 닫은 상태다. 이런 일이 반복되면 아이는 엄마와 더 이상 소통하지 않는다.

몇 년 전, 실화를 만화로 각색해서 보여주는 〈TV동화 행복한 세상〉에서 인상적인 내용을 보았다. 엄마와 딸아이가 있는 집에 옆집 아주머니가 놀러 왔다. 아주머니에게 과일과 차를 대접하고 식탁에 앉아 담소를 나누고 있는데, 거실에서 놀던 아이가 "엄마!" 하고 불렀다. 말을 하던 중인 엄마는 옆집 아주머니에게 "죄송해요. 잠깐만요"라고 양해를 구한 뒤 아이가 하는 질문에 정성껏 대답해주었다. 보통의 엄마들은 이런 경우, "엄마가 지금 손님과 얘기중이니까 다음에 얘기하자"라고 말하며 아이를 우선순위 밖으로 밀어내는 경우가 많다. 그런데 아이의 엄마는 달랐다. 두세 번 아이의 엄마가 이렇게 하는 모습을 보고 옆집 아주머니는 물었다.

"다른 집들은 안 그러는데, 애기엄마는 아이 말을 참 잘 들어주네요?"

"아이와 있는 이 시간은 다시는 오지 않을 시간이잖아요. 나중에 후회되지 않도록 아이와 있을 때는 아이에게 최대한 집중하려고요."

아이의 엄마는 평소에도 설거지를 하고 있을 때 아이가 엄마를 부르면 고무장갑을 벗고 눈을 바라보며 아이의 말을 들어주곤 했다.

퇴근 후 자녀와 함께하는 시간을
무엇보다 중시하는 유대인 부모들

유대인은 전 세계 인구의 0.25퍼센트에 불과한 데 반해 노벨상 수상자의 3분의 1을 차지할 만큼 뛰어난 인물을 많이 배출하고 있다는 사실은 너무도 유명하다. 유대인이나 한국인이나 교육열이 높다는 것은 전 세계적으로 널리 알려진 사실이지만 우리나라에서는 학문연구를 통한 노벨상 수상자가 단 한 명도 없다는 사실은 한번쯤 깊이 생각해봐야 할 문제다.

유대인 가정에서는 대부분이 맞벌이 가정임에도 자녀와 함께 보내는 시간을 가장 소중히 여긴다. 그래서 유대인 부모는 퇴근 후 집에 돌아오는 시간부터 아이가 잠자리에 드는 저녁 아홉 시까지 온전히 아이와 함께한다. 주방에서 저녁준비를 하다가도 아이가 엄마, 아빠를 부르며 다가오면 하던 일을 즉시 멈추고 아이의 말에 집중한다. 모두 아이와 함께 알찬 저녁시간을 보내기 위해 최선을 다하며 부모 각자가 할 일은 아이가 잠든 후에 한다. 아무리 바쁘더라도 아이보다 더 중요한 일은 없다는 양육원칙이 있기 때문이다.

아이가 같이 놀아달라거나 도움을 요청했을 때는 아무리 바빠도 아이의 눈을 바라보며 "무슨 일이니?"라고 물으며 아이와 함께 문제 해결을 위해 노력하겠다는 뜻과 관심을 보여야 한다. 그래야 아이는 자신이 존중받는다는 느낌을 갖게 되고 이는 아이의 자존감을 높이는 데 큰 역할을 한다.

"아이와 있을 때 아이한테만 집중해야 된다는 걸 누가 모르나요? 현실이 그렇지 못하잖아요. 그럼 집안일은 누가 하라고요? 집안일은 하면 표가 안 나지만 안하면 금방 표가 난다고요. 어차피 집안일 미뤄봤자 다 엄마가 해야 될 일이잖아요."

이렇게 항변하는 엄마들도 있다. 나도 같은 워킹맘이기 때문에 누구보다 힘든 사정을 다 안다. 그럼에도 집안일보다 내 아이와 함께하는 시간이 중요함을 강조하고 싶다. 집안일을 완벽하게 하겠다는 부담은 잠시 내려놓길 권한다.

아이가 자라는 동안 엄마와 함께하는 시간이 중요한 때는 불과 몇 년 되지 않는다. 길어야 초등학교 저학년 때까지다. 그 이후가 되면 아이는 엄마와 함께하는 시간이 줄어드는 만큼 자신만의 시간이 늘어난다.

아이가 "엄마는 말해줘도 몰라"라고 하거나 "나 혼자 있고 싶어"라고 말하는 때가 곧 다가온다. 엄마가 아이와 놀고 싶어도 아이가 놀아주지 않는 시간이 온다는 말이다. 그때 가서 "애고, 어렸을 때 좀 더 많이 놀아줄 걸" 하고 아쉬워 해봤자 소용없다.

아이가 어릴 때는 아이와 온전히 시간을 보내는 것이 좋다. 집 안이 좀 어질러지면 어떤가. 설거지 좀 미뤘다가 한꺼번에 하면 어떤가. 나 역시 직장일, 집안일, 육아까지 완벽하게 하는 슈퍼맘은 못 된다. 체력적으로 하고 싶어도 할 수가 없다. 그래서 난 집안일은 과감히 포기한다. 살림 잘하는 일등 주부가 들으면 기겁할 일이겠지만 말이다. 평일에는 퇴근 후 기본적인 식사만 해결한다. 빨래도 모아 놓았다가 3일에 한 번 정도만 한다. 청소는 저녁을 먹고 나면 소화 시킬 겸 아이들과 함께 간단히 한다. 아이들 방과 거실에 늘어진 장난감들은 아이들이 제자리에 놓도록 하고, 나는 먼지를 잘 모으는 밀대 걸레로 바닥을 쓱쓱 밀어서 청소한다. 청소기를 돌리고 물걸레로 닦는 일은 주말에 남편과 함께한다.

퇴근 후 아이들과 잠자기 전까지 함께 있을 수 있는 시간은 고작 네 시간 정도다. 집안일은 완벽하게 하려면 해도 해도 끝이 없다. 집안일을 줄이는 대신 아이들과 두 시간 남짓 밀도 있게 놀아준다. 남자아이들이다 보니 칼싸움도 하고, 블록놀이도 한다. 탱탱볼을 갖고 공놀이도 한다. 사내 녀석들이니 아래층 눈치 보지 말고 신나게 뛰어 놀라고 1층으로 이사까지 왔다. 엄마와 이렇게 한바탕 뛰어놀면 아이들은 유치원에 다녀오느라 갖고 있던 긴장감을 날려버릴 수 있다. 그러고 나면 내일 다시 또 힘을 내서 유치원에 갈 수 있다.

엄마도 사람이다. 아무리 엄마는 강하다지만 엄마의 에너지도 한계가 있다. 집안일과 요리로 에너지를 다 써버리고 나면 아이와 함께 놀아줄 에너지는 바닥나고 만다. 에너지가 없기 때문에 아이와 함께하는 시간이 힘들고 육아가 전쟁이라고 느끼게 되는 것이다.

아이와 함께 있을 때는 아이에게 온전히 집중하자. 먼 훗날 돌아봤을 때 아이와 함께하는 지금 이 시간이 가장 소중한 추억으로 남아 있을 것이다.

9

체벌은 아이를
바른 길로 인도할 수 없다

기말시험을 앞두고 동료 교사들과 이야기를 나누다가 우리 반 준서의 형 이야기가 나왔다.

"엄 선생님, 그 반 준서는 집에서 안 맞는대요? 준서 형이 우리 반이 잖아요. 근데 며칠 전에 저한테 와서 이러는 거예요."

"선생님, 저 시험 때문에 죽겠어요. 엄마한테 틀린 문제만큼 맞아요. 에이, 시험은 왜 있어 가지고……."

동료 선생님 이야기를 들으니, 3학년인 준서의 형이 기말시험을 대비해서 집에서 문제집을 풀 때 틀린 문제 수만큼 엄마에게 맞는다며 담임인 동료 선생님께 하소연을 했다는 것이다. 그런데 그분 말에 의하면 체벌이 이번만이 아니라고 했다. 우리 반 준서도 장난이 심한데, 형도 마찬가지인 모양이었다. 하루는 준서의 형이 짓궂은 장난을 치다가 친구를 다치게 한 일이 있어서 담임선생님이 학부모와 전화 상담을 했다고 한다. 그런데 다음 날 학교에 온 준서의 형은 팔이며 뺨이며 몸 여기저기를 엄마에게 맞았다며 울었다고 했다.

훈육의 개념을 혼내기, 야단치기, 체벌하기 등의 개념으로 생각한다면 준서 엄마처럼 행동하기 쉽다. 담임선생님에게 아이가 잘못한 행동을 전해 듣고 화가 난 나머지 "엄마가 그러지 말라고 했지? 왜 그랬어, 왜!"라고 소리치며 자신의 기분이 상한만큼 아이의 엉덩이며 등이며 팔 등을 막무가내로 때리게 된다. 그러나 그때뿐 준서 형제가 엄마에게 맞았다고 해서 문제행동이 쉽게 고쳐지지는 않았다.

가깝게 지내는 지인 중 동창 S는 유년시절 아버지에게 맞은 기억을 수십 년이 지나 마흔을 앞두는 지금까지도 상처로 기억하고 있다. 6학년 때 공부하라는 아버지의 말을 듣지 않고 텔레비전을 보다가 화가 난 아버지에게 뺨과 머리를 여러 번 세차게 맞았다고 한다. 아버지가 때리니까 어쩔 수 없이 맞고는 있었지만 살면서 그때처럼 무서웠던 때는 없었다고 회상했다.

그런데 그때의 아버지 나이가 된 지금의 S 역시 아이가 잘못했을 때 화를 참지 못하고 때린 적이 있다고 한다. 화가 가라앉고 이성을 찾고 나면 S는 자신 안에 있는 옛날 아버지의 모습을 보게 된다며 아이한테 자신과 똑같은 상처를 주게 되지는 않을까 걱정하며 괴로워했다.

체벌을 습관적으로 하다 보면 처음에 약하게 시작했던 체벌의 강도가 점점 세어지게 된다. 손바닥 한 대로 시작했던 체벌로 아이가 말을 듣지 않게 되면 체벌의 횟수도 늘어나고 손바닥 이외의 다른 신체부위를 때리게 된다. 아이는 '우리 엄마는 만날 나를 때리는 사람'으로 인식하게 되고, 엄마는 화가 날 때마다 '이 녀석은 맞아야 말을 듣지!'라며 체벌의 강도를 높이게 된다.

4학년을 담임했을 때의 일이다. 학급의 경수는 같은 반 친구를 놀리고, 의도적으로 심한 장난을 해서 친구에게 상처를 입혔다. 여러 번 주의를 줬는데도 그런 행동을 반복해서 그냥 넘어갈 수가 없었다. 방과 후에 남아서 반성문을 쓰도록 하며 경수와 마음을 터놓고 상담을 하기로 했다. 경수와 이런저런 얘기 끝에 반성문을 부모님께 보여드리고 이야기를 나눈 뒤 부모님 말씀을 받아오라고 했다.

"이거 보여드리면 부모님께서 뭐라고 하실까? 많이 속상해하시겠다, 그렇지?" 하고 염려하며 말을 건넸으나 돌아오는 학생의 대답에 적잖이 당황했다.

"괜찮아요. 그냥 아빠한테 몇 대 맞으면 돼요."

경수는 잘못을 한 뒤에도 반성하는 마음 없이 대충 몸으로 때우면 된다는 식의 생각을 하고 있었다. 부모님과 이야기를 나누고 오라는 말도 집에 가서 혼나고 오라는 말로 받아들였다. 문제행동을 하는 아이에게는 반드시 원인이 있게 마련이다. 원인은 언제나 멀리에 있지 않고 가까이에 있는 법이다. 즉, 아이를 둘러싼 주변 환경에서 원인과 해결책을 찾을 수 있다. 또한 아이가 반복적으로 나쁜 행동을 하게 되는 원인을 찾아 제거할 수만 있다면 문제행동을 의외로 쉽게 고칠 수도 있다.

경수는 집에 돌아가도 부모님이 바빠서 혼자 있다 보니 사랑받고 싶고, 또한 대인관계가 미숙하여 잘못된 방법으로 선생님이나 친구들의 관심을 끌고자 했던 것이었다. 체벌을 한다고 해서 아이의 문제행동을 수정할 수 있다는 생각은 오산이다. 아이가 어릴 때는 처음 몇 번은 손바닥 몇 대 맞고 문제행동을 잠시 고칠 수도 있다. 자극이 강하고, 무섭기 때문에 어린아이는 어쩔 수 없이 따르게 된다. 그러나 아이가 점점 자라면서 체벌을 계속하면 아이의 마음속에는 '그냥 맞고 말지, 뭐'라는 반항심과 자포자기식의 마음이 자라게 된다. 그런데 여기에서 간과하지 말아야 할 것이 있다. 어려서 체벌로 자란 아이는 훗날 앞서 소개한 S처럼 자신의 아이도 습관적으로 체벌할 수밖에 없다. 자신이 클 때 보고 자란 것이 체벌이기 때문에 익숙한 방법으로 아이를 키울 수밖에 없는 것이다.

'아이에게 하는 교육'이 아니라 '아이를 위한 교육'을 하라

어떤 일이 있어도 체벌을 해선 안 된다. 무턱대고 체벌부터 하면 아이는 더 이상 마음을 열지 않고 더 비뚤어지기 쉽다. 친구들을 잘 때리는 폭력성이 있다든지, 엄마가 하지 말라는 장난만 자꾸 한다든지, 거짓말을 한다든지, 남의 물건에 손을 댄다든지 하는 문제행동들은 다 저마다의 원인이 있다.

아이의 내면에 자리 잡고 있는 원인이 무엇인지 부모로서 심각하게 파악하는 것이 우선이다. 아이가 엄마의 사랑이 부족해서 관심을 끌고자 문제행동을 하는 것은 아닌지, 바람직한 생활의 규칙을 아직 덜 익힌 것은 아닌지, 친구들과 어울리는 데 문제는 없는지, 그 원인이 무엇인지를 먼저 파악해야 한다. 아이의 마음을 읽어주고 그 원인을 같이 해결해 나갈 때 아이 역시 엄마의 사랑을 느끼고 문제행동을 고쳐나갈 수 있다.

아이의 문제행동이 고쳐지지 않아 어쩔 수 없이 체벌해야 한다면 그럴 수밖에 없는 이유와 아이가 지켜야 할 규칙을 충분히 설명해주어야 한다. "다음번에도 이유 없이 동생을 괴롭힌다면 그땐 손바닥 다섯 대를 맞아야 한다"는 식으로 사전에 명확히 지침을 준 뒤에도 문제행동을 하는 경우에는 약속한 대로 체벌해야 한다.

이때 엄마가 흥분해서 소리를 지르거나 아이의 몸을 아무데나 마구 때리는 식으로 감정적으로 대응해선 절대 안 된다. 목소리 톤을 차분하게 유지하고 마음을 다스린 상태에서 단호하고 분명하게 말해야 한다. 아이가 손바닥을 맞고 아프다고 울어도 중간에 그만두거나 흐지부지 끝내선 안 된다. 아이의 손바닥을 때리면서 이런저런 잔소리를 늘어

놓아서도 안 된다. 그 순간 아이는 아픈 손바닥에만 정신이 집중되어 있기 때문에 엄마 말이 귀에 들어오지 않는다. 그러므로 엄마가 중언부언하면서 길게 설명한 다음 "알았지?" 하고 물어보아도 그 말을 하나도 기억하지 못한 채 마지막 말만 듣고 "네" 하고 대답하기 쉽다.

체벌이 끝난 뒤 아이를 앞에 앉혀 놓고 무엇을 어떻게 잘못했는지 생각하고 직접 말하도록 유도해야 한다. 체벌이 끝난 뒤에도 계속 잔소리 하는 식으로 뒤끝을 보여선 안 된다. 체벌 후 엄마가 해야 할 가장 중요한 일은 아이의 마음을 위로하고 어루만져주는 것이다. 사랑하는 자식을 때릴 수밖에 없는 엄마 못지않게 아이 역시 속상하기는 마찬가지다. '이 세상에서 가장 믿고 사랑하는 엄마가 날 때리다니……' 하는 식의 원망하는 마음이 앙금으로 남지 않도록 배려하고 보듬어주어야 한다. 그럴 땐 이런 식으로 말하기를 권한다.

"엄마한테 맞아서 많이 아팠지? 엄마도 우리 윤서를 때려서 많이 속상했어. 앞으론 윤서가 동생을 괴롭히지 않겠다고 엄마와 한 약속을 꼭 지키면 좋겠구나."

이젠 엄마가 예전처럼 자신을 사랑하지 않는다고 잘못 생각하지 않도록 따뜻한 말로 아이의 마음을 보듬어주는 것을 잊어서는 안 된다. 이때 특별히 주의할 점은 아이가 뭔가 잘못해서 엄마한테 맞고 나면 오히려 예전보다 더 많이 사랑받는다고 오해하지 않도록 적정선을 지키는 일이다. 미안한 마음에 금지된 시간에 텔레비전 시청이나 컴퓨터 게임을 허락해준다거나 평소 못 먹게 하는 과자를 먹게 한다거나 장난감을 사준다거나 하는 식으로 대응하면 아이는 헷갈릴 수밖에 없고 잘못된 훈육방식에 길들여지고 만다.

아이가 잘못된 행동을 하거나 반복적으로 실수할 때 부모도 사람인지라 인내심에 한계를 느낄 때가 있다. 그래서 어느 시점에 이르러 더 이상 참지 못하고 화를 내게 된다. 이때 부모가 자신의 감정을 다스리지 못하고 순간적으로 폭발하여 아이의 몸에 손을 대는 경우가 더러 있다. 이것은 아이를 올바로 가르치는 것이 아니라 부모의 스트레스를 아이에게 푸는 꼴이 되기 때문에 역효과가 나기 쉽다. 미국 최고의 가정 사역 권위자인 제임스 돕슨이 『자녀 훈계와 사랑』에서 "훈육이란 아이에게 하는 교육이 아니라 아이를 위한 교육이라는 점을 잊어서는 안 된다"라고 강조한 이 말을 곱씹어 생각해보자. 그러면 아이를 위한 교육, 즉 내 아이가 잘 자랄 수 있도록 도와주는 최선의 교육이 체벌이 아님을 알 수 있다.

제 3 장

좋은 엄마가 되는 데에도 **공부가** 필요하다

이제 내 아이에 대한 기대를 내려놓자.

'이 험난한 세상을 어찌 살아갈까?' 하는 걱정과 불안은

과감히 떨쳐버리고 아이에게 무한한 응원과 격려를 보내자.

1

객관적으로 보면
해결의 실마리가 보인다

몇 년 전에 담임했던 우리 반의 장난꾸러기 남학생 용호는 다른 아이들을 자주 때렸다. 그때마다 불러서 이야기를 나눠보면 장난으로 살살 때렸다고 말했다. 나는 용호에게 상대방이 싫어하는 장난은 절대로 해서는 안 된다고, 살살 때리든 세게 때리든 친구를 때리는 것은 나쁜 행동이라고 단호하게 말했다.

보통 큰일이 아닌 경우에는 싸운 아이들끼리 사로 사과하며 해결하도록 하고, 문제를 일으킨 학생에게 주의를 주는 정도 선에서 마무리한다. "선생님, ○○가 절 놀렸어요", "선생님, ○○가 자꾸 쫓아왔어요" 하는 식의 작은 일들이 교실에서 수도 없이 일어나는데, 그때마다 일일이 학부모에게 알릴 수는 없기 때문이다.

용호는 그 일이 있은 후에도 친구들의 팔이나 등을 툭툭 치면서 다니곤 했다. 당연히 다른 아이들은 용호의 그런 행동을 싫어했다. 여러 번 주의를 주었음에도 나쁜 행동이 전혀 고쳐지지 않아 용호의 엄마와 전화 상담을 하게 되었다. 그동안에 있었던 일을 설명하자 용호의 엄마가 다음과 같이 반문했다.

"어머, 그래요 선생님? 우리 용호는 그런 아이가 아닌데요. 집에서는 절대 그런 행동을 하지 않아요. 선생님이 잘못 보신 거 아녜요?"

학생에게 뭔가 문제가 생겨 학부모와 상담하는 경우 가장 곤란할 때가 바로 "우리 애가 그럴 리가 없는데요. 우리 애는 그런 애가 아니에요"라고 말할 때다. 그럴 때는 정말 답답하다. 아무리 상황 설명을 잘해도 받아들이지 않기 때문이다. 그러다 보니 CCTV라도 있어서 아이의 행동을 일일이 보여줄 수 있으면 좋겠다는 생각을 할 때도 있다.

아이들은 집을 떠나 유치원이나 학교에서 맨 처음 사회생활을 시작한다. 그럴 때 집에서와 전혀 다르게 행동하는 아이들이 간혹 있다. 집에서는 말이 없는 아이가 학교에서는 친구들과 활달하게 지내기도 하고, 반대로 집에서는 활달한 아이가 학교에서는 기를 못 펴는 경우도 있다.

학교생활을 잘하는 아이의 경우는 괜찮지만 소소한 문제를 일으켜 담임선생님에게 안 좋은 소리를 듣거나 상담을 하게 되는 경우 엄마들이 놀라고 믿기 어려워하는 경우가 많다. 그래서 대부분 처음에는 용호 엄마와 비슷한 반응을 보인다. 왜 그런 반응을 보일까 생각해보면, 엄마의 입장에서는 교사에게 아이의 생활에 대해 뭔가 지적을 받게 되면 문제아라는 비난으로 들리기 쉽고, 나아가 이를 곧 자신의 잘못으로 확대해서 받아들이게 되기 때문인 것 같다. 그러나 문제를 좀 더 현명하게 받아들일 필요가 있다. 엄마인 내가 모르는 아이의 모습이 있음을 인정해야 한다. 오히려 "소 잃고 외양간 고친다"라는 속담처럼 더 큰일이 생기기 전에 문제를 바로잡을 수 있는 소중한 기회가 생겼다고 긍정적으로 생각하는 것이 좋다.

내 아이 표현력과 발표력 키워주기 프로젝트

우리 집 아이들 역시 집에서는 활달한데 유치원에서는 발표도 하지 않으려 하고, 하고 싶은 말도 잘 못한다는 말을 듣고 내심 실망이 컸다. 그러나 선생님의 말씀을 그대로 받아들였다. 아이가 엄마인 나와 있을 때와는 다른 모습도 있음을 인정하기로 한 것이다. 그렇게 좀 더 열린 마음으로 아이와 문제를 보기로 마음을 먹자 신기하게도 더 이상 문제가 문제로 보이지 않았다. 문제가 무엇인지 알게 되었으니 생활 속에서 차츰 고쳐가면 된다고 생각했다. 이후 나는 아이들과 함께 만화를 보거나 로봇 장난감으로 역할놀이를 하면서 책 내용이나 자기 생각을 말하도록 유도하는 등의 방법으로 표현력을 키워주기 위해 노력했다. 또한 매주 한 가지씩 분야와 관계없이 아이들이 관심 있어 하는 주제를 정해 미리 책이나 어린이용 백과사전 등 자료를 함께 찾아보고 스케치북에 간단한 그림과 단어로 느낌을 표현해보게 한 뒤 엄마 아빠 앞에서 발표하게 했다. 그렇게 두세 달 쯤 지나 선생님과 다시 상담을 했는데, 선생님 말씀이 아이들의 표현력과 발표력이 놀랄 만큼 향상되었다고 했다.

엄마의 입장에서는 아이가 유치원이나 학교에서 평소 자신이 알고 있던 것과 전혀 다른 모습을 보인다는 얘기를 들으면 많이 놀라고 당혹스러워하는 것이 당연하다. 말처럼 쉬운 일은 아니지만 아이에게 자신이 모르는 모습이 있을 수 있음을 인정해야 한다. 아이도 어른과 마찬가지로 하나의 독립된 인격체이기 때문이다. 어른들도 집에서 생활할 때와 직장 등 밖에서 생활할 때 전혀 다른 모습을 보이기도 하지 않는가. 또한 열린 마음으로 상황을 받아들이고 인정하는 데서부터 문제 해결의 실마리가 보이기 때문이다.

아이들은 가정과 학교생활 중 어느 쪽이 더 많은 부담을 주고 긴장하게 만드는 환경인가에 따라 말과 행동이 달라지고 생활이 달라진다. 그래서 나는 학기 초 학부모와 다 같이 만나는 교육과정 설명회 시간에 매년 다음과 같이 당부한다.

"아이가 집에서 하는 말을 다 믿지는 마세요. 아이들은 부모님에게 혼날까 봐 자신의 행동을 합리화하는 말을 잘하고, 또 자기 잘못은 쏙 빼고 친구의 잘못만 이야기하는 경우가 많습니다. 또한 집에서 하는 행동과 학교에서 하는 행동은 많이 다릅니다. 그 점을 인정해야만 내 아이를 제대로 이해할 수 있고 올바로 양육할 수 있습니다."

아이만의 세계가 있음을 인정하고 내 아이의 다양한 모습을 있는 그대로 받아들여야 한다. 아이를 객관적으로 보아야 아이의 장단점을 제대로 파악하고 기질에 맞게 키울 수 있다. 인정하기 싫고 받아들이기 힘들다고 해서 아이의 행동을 부정하고 자신의 입맛대로 조정하려 한다면 엄마와 아이 사이는 점점 더 멀어지게 될 것이다. 아이의 본 모습을 알지 못한 채 제대로 소통하기는 어렵기 때문이다.

보험회사 사고 담당 직원에게 배운 교훈

몇 년 전, 교통사고를 당한 적이 있다. 다행히도 가벼운 접촉사고였기 때문에 인명피해는 거의 없었다. 직진 도중 내 차가 갑자기 불법유턴한 차와 부딪혀 일어난 사고였다. 운전대를 잡아본 이후 처음 당하는 사고였기에 당시 나는 상당히 흥분한 상태였고 뭘 어떻게 해야 할지 몰랐다. 겨우 정신을 차려 보험회사에 연락을 했고, 10여 분 후 보험회사의 사고 담당 직원이 왔다.

사고 담당 직원은 상대 운전자와 나의 얘기를 차분히 듣더니 자동차의 상태를 면밀히 파악했다. 그러고는 사고 경위서를 작성했다. 내가 가입한 보험회사의 직원이었지만 내게도 과속을 한 잘못이 일부 있음을 지적했다. 그러나 상대운전자의 과실이 워낙 커서 사고 후 처리는 그런대로 잘 이루어졌다.

그 일을 겪으면서 한 가지 중요한 것을 배웠다. 순진하게도 내가 가입한 보험회사는 무조건 내 편을 들 줄 알았는데, 그게 아니었다. 그 보험회사 직원은 어느 쪽에 치우치지 않고 최대한 객관적으로 상황을 보려 했고 공평하게 일을 처리하려 노력했다. 사고 처리 후 집에 돌아오는 길에 문득 우리 학부모들도 그 보험회사 직원의 자세와 태도를 조금이라도 배웠으면 좋겠다고 생각했다.

아이가 문제행동을 했을 때도 '내 소속이다', '내 아이다'라는 생각을 버리고 아이의 행동만을 객관적으로 보려고 노력한다면 많은 문제를 의외로 쉽게 해결할 수 있다. 왜냐하면 아이 자체가 아니라 아이의 한두 가지 문제행동만을 바로잡고 고쳐나가면 되기 때문이다. 그렇지 않고 '믿었던 내 아이가 날 이렇게 실망시키다니, 어떻게 이렇게 행동할 수가 있을까!' 하는 식으로 접근하면 아이의 문제행동을 제대로 볼 수 없을 뿐 아니라 바로잡을 수도 없다. 아니, 그런 경우 문제를 바로잡거나 해결하기는커녕 오히려 더 큰 문제로 확대되거나 예기치 못한 새로운 문제에 부닥치게 될 수도 있다.

자신의 문제를 객관적으로 볼 수만 있다면 해결의 실마리는 이미 찾은 셈이고 반은 해결되었다고 해도 틀린 말이 아니다. 왜냐하면 모든 문제에는 반드시 해결책이 있게 마련이고, 한 발 물러서서 객관적으로 상황을 보면 의외로 쉽게 그 해결책이 보이기 때문이다. 생각해보라.

옆집 엄마가 자주 흥분해서 얘기하는 남편 문제, 시댁 문제, 아이 문제에 대해 합리적인 해결방법을 곧잘 제시하곤 하지 않는가! 바로 그 일은 내 일이 아니기 때문에 객관적으로 문제를 바라볼 수 있고, 그렇듯 합리적이고 적절한 해결책이 찾아지는 것이다.

행동이 아니라 아이의 성격이나 성향이 엄마의 마음에 들지 않는 경우에도 객관적으로 보면 좀 더 쉽게 해결책이 보인다. 이때의 해결 방법은 아이의 성격이나 성향을 뜯어고치는 것이 아니라 있는 그대로 보는 것이다. 엄마들은 누구나 내 아이가 학교에서 발표도 잘하고, 친구들에게 인기도 많고 공부도 잘하는 '엄친아'이기를 기대한다. 그러나 완벽한 엄마가 있을 수 없듯 아이도 마찬가지다. 만약에 아이가 소극적이고 소심하다고 이런 성격을 문제로 간주하고 섣불리 성격을 고치려 한다면 자칫 부작용만 생길 뿐이다.

옆집 아이가 남들 앞에서는 한마디 말도 못하고 꿀 먹은 벙어리처럼 엄마 옆에 딱 붙어 있다면 어떻게 하겠는가?

"너는 어떻게 된 애가 바보같이 네가 하고 싶은 말도 제대로 못하니? 내가 너 때문에 창피해서 못 살겠다"라며 혼내는 사람은 없을 것이다. "아이가 부끄러운가 보네요. 아가, 괜찮아"라고 격려하며 그 아이의 있는 그대로의 모습을 인정해주지 않겠는가! 그렇게 할 수 있는 것은 바로 옆집 아이를 객관적으로 바라보기 때문이다. 내 아이에 대해서도 이렇게 객관적으로 바라보는 연습을 부단히 해야만 한다. 아이의 단점을 객관적으로 바라보고 장점을 강화시키는 내공을 키워야 한다.

내 아이일수록 더욱 객관적으로 바라보자. 아이 때문에 화가 날 때는 '만약 옆집 아이라면 내가 어떻게 행동했을까?' 하고 생각해봐야 한다. 나와 아이를 동일시하지 말고, 또 아이와 아이의 행동은 서로 별개라고 생각해야 한다. 깊은 숨을 내쉬며 3초만 생각해본다면 평정심을 잃지 않고 차분한 마음으로 아이를 대할 수 있다.

2

자존감을 잃으면 다 잃은 것이고,
자존감을 얻으면 다 얻은 것이다

자기 생각을 표현하는 일이 중요한 이유

작년에 담임했던 1학년 학생들 중 희성이는 공부도 잘하고 인성도 바른 아이였다. 아직은 어려서 가끔 복도를 뛰어다니며 시끄럽게 할 때도 있지만 평소 질서를 잘 지키려 노력하는 아이다. 그런데 그런 희성이에게 가끔 안타까운 점이 보이곤 했다.

하루는 종례를 마치고 학생들을 하교시킨 후 얼마 지나지 않아 희성이의 엄마가 교실로 찾아왔다. 예고 없는 방문이라 무슨 일인지 여쭤보니, 희성이가 차에 타면서 엉엉 울더라는 것이다. 이유를 물어보니 같은 반 남학생인 준영이가 희성이의 배를 주먹으로 세게 때렸기 때문이라고 했다. 엄마는 아이가 울면서 차에 타는 걸 보고 속상한 마음에 바로 담임을 찾아올 수밖에 없었던 듯했다. 희성이 엄마는 평소 준영이가 자주 괴롭힌다며 그 때문에 희성이가 힘들어한다고 했다. 희성이 엄마에게 내일 관심 있게 지켜보고 준영이와 희성이를 불러 자세한 상황을 알아본 뒤 해결책을 마련해보겠다고 말씀드렸다.

다음 날, 아이들을 불러 상황을 알아보니 희성이가 준영이와 놀다가 서로 툭툭 치며 장난을 쳤는데, 그 과정에서 준영이가 희성이의 배를 세게 때린 모양이었다. 복도에서 일어난 일이라 그 시간에 교실에 있던 나는 그 일을 전혀 모르고 있었다. 이런 경우, 희성이가 바로 담임선생님에게 말했으면 좀 더 좋은 방향으로 문제를 해결할 수 있었을 것이다. 아무튼 나는 아이들에게 심한 장난을 해서는 안 된다고 주의를 주고 화해시키는 선에서 일을 마무리했다.

서로 다툰 아이들을 화해시키는 과정에 나는 가급적 개입하지 않으려고 노력하는 편이다. 예컨대 교사가 직접 나서서 "네가 잘못했으니까 어서 사과해"라고 시키는 일이 없도록 조심하려 한다. 자칫 그 과정에서 억울한 아이가 생길 수 있기 때문이기도 하고, 이런 과정에서도 아이들이 스스로 자기 생각을 표현하도록 하는 것이 낫다고 믿기 때문이기도 하다. 예를 들어 이런 상황에서는 피해학생이 가해학생에게 "네가 내 배를 세게 때려서 속상하고 기분이 나빴어"라고 직접 얘기하게 하고, 가해학생은 피해학생에게 '미안해'라고 틀에 박힌 말을 하기보다는 진심을 담아 구체적으로 사과하도록 유도한다. 때린 아이는 맞은 아이에게 "놀이인데 내가 너를 너무 세게 때렸나봐. 정말 미안해! 다음부터는 조심할게"라며 진심으로 사과한다.

물론 처음부터 이렇게 자기생각을 표현하는 것이 잘 되지는 않지만 몇 번 연습하다 보면 사과하는 친구가 왜 미안해해야 하고 사과해야 하는지 정확한 이유를 생각할 수 있게 된다. 또 사과 받는 친구도 속상한 점을 친구에게 표현할 수 있고 진심이 담긴 사과를 받을 수 있어 그 과정에서 자연스럽게 마음이 풀리는 경우가 많다.

그런데 희성이는 교사가 자기편에서 도와주고 있음에도 속상한 마음을 잘 표현하지 못하고 머뭇거리고만 있었다. 그래서 "희성아, 네가 이런 점 때문에 속상했으니까 준영이에게 '난 이래서 기분이 안 좋았어'라고 얘기해보렴" 하며 할 말을 알려줘도 희성이는 준영이의 눈을 바라보지도 못한 채 아주 작은 목소리로 속삭일 뿐이었다.

다른 친구와의 사이에 안 좋은 일이 생겼을 때 자기 의사를 당당하게 표현하지 못한 채 당하고만 있거나 선생님에게 도움을 청하지도 못하는 아이가 있다. 심한 경우 이런 아이들은 희성이처럼 친구의 눈을 똑바로 쳐다보지도 못한다. 예를 들면 짝꿍이 내 필통에 있는 예쁜 연필이나 지우개를 가져갔을 때 돌려달라고 말하지 못하는 경우가 있다. 돌려달라는 말을 할 때도 작은 목소리로 "내 연필 줘"라고 한두 번 하다가 돌려주지 않으면 포기하고 만다. 그러다가 집에 가서 엄마에게 얘기를 하거나 그마저도 하지 않고 혼자 조용히 삭히는 경우도 있다. 이런 아이들은 대체로 자존감이 낮다. 혹시나 내 아이가 이런 유형은 아닌지 유심히 살펴보아야 한다. 집에서는 엄마를 포함한 가족 모두가 내 편이기 때문에 큰 목소리로 당당하게 자기주장을 펼 수 있지만 여러 사람과 같이 지내는 환경에서 아이의 성격은 전혀 다른 방식으로 표현되기도 한다.

희성이 역시 집에서는 자기가 원하는 대로 되지 않으면 고집을 부리기도 하고 동생에게 짓궂은 장난을 하기도 하는 평범한 오빠다. 그러나 여러 번의 학부모상담과 학생상담을 해본 결과 희성이 엄마의 양육방식으로 인해 자존감이 낮음을 알 수 있었다. 엄마가 이렇게 해라, 저렇게 해라 식의 지시를 자주 하는 바람에 희성이는 자신의 의견을 내세우기가 어려웠던 것이다. 잠시 고집을 부리다가도 엄마가 무서운 표정을 지으며 한마디 하면 희성이는 금방 순종적인 아들로 돌아오곤 했다.

'말더듬이 아이'를 '생각이 빠른 아이'로

아이의 자존감을 키워줄 수 있는 사람은 다른 누구도 아닌 바로 엄마 자신이다. 엄마들은 이 점을 명심해야 한다. 아이를 바르게 키우겠다는 생각 때문에 자주 일방적으로 명령하고 지시한다면 아이는 자신의 생각을 당당히 말하는 일을 어려워할 수밖에 없으며 매사에 소극적이고 자신감 없는 사람이 되기 쉽다.

세계적인 기업 제너럴일렉트릭[GE]의 최고경영자를 지낸 잭 웰치는 어렸을 때 심하게 말을 더듬었다. 그래서 또래 친구들에게 놀림을 받았고 외톨이로 지내야 했다. 그런 아들을 바라보며 늘 안타까워했던 엄마는 아들에게 이렇게 말해주었다.

"네가 말을 더듬는 이유는 네 생각이 말보다 빠르기 때문이란다. 그만큼 넌 다른 아이들보다 생각하는 속도가 빨라. 그러니 말을 더듬는다고 주눅들 필요는 없어. 알았지? 넌 남들보다 생각이 더 앞선 아이야."

엄마의 그 말 한마디에 아들은 '말더듬이'에서 '생각이 빠른 아이'로 스스로를 자랑스럽게 여기며 매사에 자신감을 갖게 되었고, 마침내 최고 기업의 최고경영자가 되었다. 만약 잭 웰치의 엄마가 아들의 말더듬증에만 신경을 써서 "넌 왜 자꾸 말을 더듬니? 천천히 또박또박 말해보렴" 하고 채근하거나 언어치료실 등을 데리고 다녔으면 어떻게 되었을까? 오히려 말을 더듬는 증상에 더욱 신경을 쓰게 되어 말더듬 증상이 더 심해졌을 수도 있다. 아이의 단점을 부각시켜 기죽이지 말고 단점을 장점으로 바꿔 지속적으로 강화시켜주어야 한다. 그래야 아이의 자존감은 살아난다.

올해로 일곱 살이 된 큰아이가 주말에 캠핑을 몇 번 다녀오더니 부쩍 의젓해졌다. 아빠를 따라 자기 혼자 할 수 있는 일은 스스로 하려고 한다. 마른 빨래 중 수건이랑 자기 옷 개기, 식사할 때 수저 놓기, 우유 주머니에서 우유 꺼내다 냉장고에 넣기, 신발 정리하기 등이다. 물론 아직까지는 많이 서툴고, 내 손으로 직접 할 때보다 시간도 많이 걸리고 실수를 하기도 한다. 엄마의 눈으로 보기에 완벽하지 않아서 개어 놓은 빨래도 아이가 안 볼 때 내 손으로 다시 갤 때도 있었다. '아이고 속 터져. 내가 하는 게 더 빠르겠네' 생각하며 답답해서 손이 자꾸만 가려고 해도 꾹 참고 기다려주고 있다.

아이 스스로 할 수 있는 기회를 최대한 많이 만들어주려고 노력해야 한다. "엄마, 제가 도와줄게요" 하며 팔을 걷어붙이는 아이에게 "됐거든. 네가 손대지 않는 것이 엄마를 도와주는 일이야" 하며 제지한다면 아이는 자신을 쓸모없는 존재로 여기게 된다. 일을 잘하고 못하고가 중요한 게 아니다. 무슨 일이든 결과와 상관없이 아이 스스로 부딪치며 시도해야 성취감을 느낄 수 있고 자신감과 자존감도 높아진다.

하루는 대형마트에서 사온 아동용 캠핑의자를 펴주려고 하니 큰아이가 "엄마, 제 의자니까 제가 해볼게요" 하며 가위로 상자의 포장을 뜯고 의자를 꺼내 직접 조립했다. 처음에는 마음만 앞서서 잘 되지 않았지만 몇 번 시도한 끝에 의자를 잘 펼쳐서 앉을 수 있게 되었다.

어른의 눈으로 보면 아무것도 아닌 일일 수도 있다. 하지만 아이에게는 스스로 해냈다는 뿌듯함과 자신감에 눈빛이 살아난다. 그러더니 아이는 동생 의자까지 펼쳐서 앉게 해주었다. 아이가 무슨 일이든 자신의 힘으로 할 때는 그에 따른 부작용이 생길 수도 있다. 예를 들어 집 안이 마구 어질러지고, 시간이 오래 걸리고, 결국 실패해서 속상할 수도 있다. 그러나 어설프더라도 아이에게 스스로 할 수 있는 기회를 주어야 한다.

작은 성취감이 자신감을 키운다. 작지만 소중한 성공 경험이 모이고 모여 '나도 할 수 있다!'는 자신감이 쌓이고, 이 자신감을 바탕으로 스스로를 인정하고 사랑하게 되며 세상을 살아갈 힘을 얻는다. 이것이 바로 실패를 딛고 일어서게 하는 힘, 즉 아이에게 꼭 필요한 '자존감'이다. 이 험난한 세상에서 자존감이 높은 사람만이 자신을 지킬 수 있다. 그러므로 엄마들은 명심해야 한다. 아이의 자존감을 지켜주고 키워주는 데 엄마의 사명이 있다는 걸.

3

최종 결정은
아이의 몫으로 남겨두어라

어느 토요일 오후, 아이들과 놀이터에 나가 놀기로 했다. 집에서 편하게 입고 있던 실내복 차림으로 나가도 되겠다 싶어 바로 나가려고 했다. 그랬더니 작은아이가 와서 "엄마, 나 옷 갈아입을래" 하며 옷을 벗는 것이었다. "왜? 외출하는 거 아니고 놀이터 나가서 노는 거니까 그냥 지금 입은 옷 입고 나가도 돼. 옷 갈아입으려면 귀찮잖아" 하며 타일렀다. 그런데 다섯 살배기 아들 녀석의 대답에 나는 깜짝 놀라고 말았다. "친구들한테 멋져 보이고 싶어서"라고 얘기하는 것이 아닌가! 다섯 살이라고 얕보았더니 그 어린 꼬맹이의 머릿속에도 자기 나름의 생각이 자라고 있었다.

작은아이는 큰아이에 비해 고집이 센 편이다. 갖고 싶은 옷이든 장난감이든 타협이란 것이 없다. 자기가 선택한 것 외에는 아무리 설득을 해도 다른 물건에는 고개를 돌리지 않는다. 내가 물건을 골라주면 그 물건이 마음에 안 드는 이유를 또박또박 말로 표현한다. 그런 아이의 모습이 귀여워서 남편에게 "쟤는 우리 말 안 들어"라고 말하며 같이 웃곤 한다. 어린 나이임에도 주관이 뚜렷한 아이가 기특하기만 하다.

부모의 말을 안 듣는 아이를 보통 고집이 세다고 말한다. 아이가 부모의 말을 듣지 않는 데는 여러 가지 이유가 있다. 그중 한 가지는 아이가 자기에게도 생각이 있다는 것을, 그리고 스스로 선택할 수 있는 능력이 있다는 것을 보여주기 위해 부모의 말을 듣지 않고 고집을 부리는 경우다. 이런 아이는 자존감이 높고 자신이 결정한 일이므로 스스로의 결정에 책임을 지려 한다.

반면 부모의 말을 잘 듣고 순응하는 아이는 착하고 순하다는 말을 듣는다. "아이가 순해서 좋겠어요"라며 주변의 부러움을 사기도 한다. 그러나 내 아이가 자기의 의견은 없이 무조건 엄마 의견만 따른다면 오히려 진지하게 생각해봐야 한다. 이런 아이는 엄마를 실망시키지 않기 위해 엄마가 좋아하는 일만 하려고 하고 엄마를 기쁘게 하는 일만 하려고 하기 쉽다. 학부모에게 이런 말을 하면 "엄마를 기쁘게 하는 일이 나쁜가요, 선생님?" 하고 되묻는다. 그런 질문에 나의 대답은 "나쁩니다"라고 딱 잘라 말한다. 아이의 생각이 반영되어 있지 않기 때문이다.

아이가 좋아하는 일을 엄마도 좋아한다면 '윈윈WIN-WIN 효과'가 나게 되어서 더할 나위 없이 좋다. 하지만 아이는 하기 싫은 일인데 엄마의 기대 때문에 마지못해 하게 된다면 아이의 행복은 신기루처럼 사라지고 만다. 아이의 마음이 차츰 곪게 되고, 결국 언제 터질지 모르는 종기로 발전하게 되기 때문이다.

2년간 공무원시험 준비를 해서 40:1의 경쟁률을 뚫고 공무원 시험에 당당히 합격한 후배가 있다. 그 후배는 여행 가이드가 되어 전 세계를 여행 다니며 자유롭게 사는 것이 꿈이었지만 부모님의 반대로 뜻을 이룰 수 없었다. 꼬박꼬박 월급이 나오고 정년까지 퇴직 걱정이 없는 안정적인 직장을 갖기 바랐던 부모님의 소원대로 그녀는 공무원이 되었다.

그런데 공무원이 된 지 채 3년이 안 된 요즘 그녀의 얼굴은 어둡기만 하다.

"언니, 난 요즘 왜 사는지 모르겠어. 그 조그만 책상에 앉아서 민원서류만 떼어주고 있으면 내가 무슨 기계가 된 것 같아!"

그 어렵다는 공무원시험을 2년 동안 힘들게 준비해서 보란 듯 합격해 공무원이 된 후배는 자신이 불행한 삶을 살고 있다고 했다. 자유분방한 후배의 성격과 맞지 않는 일이기 때문이다. 더구나 자기 스스로 결정한 일이 아니기 때문에 더욱 불행하게 느껴지고 부모님이 원망스러운 모양이었다.

"이렇게 다 컸는데도 부모님 눈치 보느라 내가 하고 싶은 일을 할 거라고 당당히 말하지 못한 내가 너무 바보 같고 한심해!"

엄마의 말만 잘 듣는 아이들은 주변 사람들의 평가에 민감하게 반응하고 눈치를 보기 때문에 자기의견을 당당히 말하는 것을 힘들어한다. 그러다 보면 자신감이 차츰 사라지고 자존감도 낮아지게 된다. 나중에 공부를 할 때도 "왜 공부하는지는 모르지만 공부를 열심히 하면 엄마가 좋아하니까 공부를 한다"라고 말하게 된다. 이렇게 남의 평가 때문에 남을 만족시키기 위해 공부를 하거나 일을 하면 그만큼 효과는 떨어질 수밖에 없다. 그러다가 한번이라도 실패하면 인생 전체를 포기하게 되기 쉽다.

자신이 선택한 일은 쉽게 포기하지 않는다

공부든 일이든 자기 스스로 선택해야 한다. 자신이 한 선택이어야만 즐겁게 할 수 있다. 그래야 실패해도 다시 일어나 꿋꿋하게 이겨낼 수 있는 저력이 생긴다. 재능이 있는 자는 노력하는 자를 이기지 못하고, 노력하는 자는 즐기는 자를 이기지 못한다고 하지 않는가! 하고 싶은 일을 선택해 즐겁게 하는 사람만이 자신의 분야에서 최고가 될 수 있다.

스타크래프트 프로게이머 임요한은 학창시절 공부가 죽도록 하기 싫었다. 어렸을 때부터 전자오락실을 다니며 게임을 좋아했던 그는 커서도 컴퓨터 게임을 하며 시간을 보냈고, 마침내 프로게이머가 되었다. 2000년, 스물한 살의 어린 나이에 그는 프로게임팀에 소속되어 연봉 4,000만 원을 받고, 스물다섯 살에는 연봉 2억 원을 받았다. 그는 '테란의 황제'라는 별명으로 불릴 정도로 스타크래프트의 지존 자리를 차지했다.

그렇게 어린 나이에 얻은 임요한 선수의 영광은 결코 운이 아니었다. 그는 식사 시간과 자는 시간을 제외하고 나머지 시간에는 전부 게임 연습만 할 정도로 지독한 연습벌레였다. 임요한은 자신이 미치도록 좋아하고 스스로 선택한 일을 했기 때문에 밥 먹는 시간이 아까울 정도로 연습에 연습을 거듭할 수 있었고 집요하게 몰두할 수 있었다. 하기 싫은 일을 누군가의 강요로 억지로 한다면 아무리 게임이라 해도 결코 즐기며 할 수는 없다.

임요한 선수처럼 자신의 분야에서 성공한 사람들은 하나같이 자신이 좋아하는 일을 스스로 선택하고 열정을 쏟아 부은 이들이다. 안철수, 최경주, 이창호, 박지성, 비, 보아, 서태지 등……. 자신이 진정으로 좋아하는 일을 하면 일 자체가 즐겁고 여간해서 지치지 않는다. 그 일을 하는 과정에서 시련과 고난이 닥쳐도 쉽게 좌절하거나 포기하지도 않는다.

바이올리니스트 장영주는 네 살 때부터 바이올린을 배우기 시작해 여덟 살 때 명지휘자인 주빈 메타와 리카르도 무티에게 오디션을 받았다. 당시 그녀는 뉴욕 필과 필라델피아 오케스트라와의 협연을 즉석에서 요청받을 정도로 뛰어난 기량을 선보였다. 그녀의 성공 비결은 일찌감치 바이올리니스트라는 자신의 꿈을 찾고 그 꿈을 이루기 위해 끈기 있게 노력한 데 있다. 어린 시절부터 그녀는 바이올린을 켜는 것이 인형이나 장난감을 갖고 노는 것보다 훨씬 즐거웠다고 말한다. 그녀 역시 자신이 좋아하는 일을 선택했기 때문에 전 세계적인 바이올리니스트가 되어 성공적인 삶을 살고 있다.

아이가 최고의 선택을 하게 하려면 어떻게 해야 할까? 어릴 때부터 스스로 생각하고 결정하는 능력을 키워주어야 한다. 읽고 싶은 책, 먹고 싶은 음식, 입고 싶은 옷, 가지고 놀고 싶은 장난감, 하다못해 머리에 꽂는 핀조차 자기 스스로 선택하고 결정할 수 있도록 유도하고 적극적으로 기회를 만들어주어야 한다. 그래야만 판단력과 결정 능력을 기를 수 있다. 그렇게 하면 아이는 엄마가 자신을 진정으로 존중하며 사랑한다는 것을 느끼게 되고 자연스럽게 자존감도 높아진다. 사소하더라도 스스로 결정한 경험이 많아질수록 아이는 시행착오를 거치며 최고의 선택을 할 수 있다.

그러나 부모는 아직 미숙한 아이가 올바른 결정을 하지 못할까 봐 걱정이 많다. 아이가 되도록 편한 길, 쉬운 길로 갔으면 하고 바라는 것이 부모의 마음이다.

"엄마가 더 좋은 것 골라줄게", "엄마가 더 잘 알아. 그러니까 엄마 말 들어"라며 아이의 의견을 묵살하는 일이 많아질수록 아이는 '어른아이'로 자랄 수밖에 없다. 그렇게 되지 않도록 가정에서 허용적인 양육 분위기를 조성해야 한다. 아이의 의견을 존중하는 양육태도가 아이의 자율성을 길러준다. 아이의 선택이 서툴더라도 최대한 존중해줘야 한다. 그것이 바로 '존중하는 육아'다.

　가슴이 뛰는 일을 해야 오래 할 수 있다. 아이의 재능을 찾아준답시고 부모가 억지로 시켜서 재미가 없는데도 계속하는 일은 단기적으로 성과가 좋다고 해도 재능이라고 보기 어렵다. 억지로 끌려가는 길은 결국 되돌아오기 마련이다. 악기 연주든 운동이든 재능을 찾을 수 있도록 많은 기회를 주되 최종 결정은 아이의 몫으로 남겨두어야 한다. 온전히 아이를 믿고 기다려야 한다. 내 아이가 잘 되기를 바란다면 걱정은 잠시 접어두고 아이의 선택을 존중하자.

4

아이의 인생을
엄마가 대신 살아줄 수는 없다

엄마의 욕심이 아이와 엄마를 망친다

받아쓰기를 앞두고 아이들의 조마조마한 두근거림이 들린다.

"아, 이번에는 몇 점 맞을까? 틀리면 엄마한테 혼나는데……."

"나도 엄마가 이번엔 꼭 100점 맞아야 된다고 했단 말이야."

정식 시험이 아닌 '받아쓰기'인데도 '엄마들이 얼마나 걱정하며 당부를 했으면 여덟 살 아이들이 저렇게 조바심을 칠까?' 하는 마음에 쓸쓸해진다.

"너, 받아쓰기 100점 맞아야 돼. 받아쓰기 잘해야 공부도 잘할 수 있는 거야. 공부 못하면 대학도 못 가고 먹고 살기 힘들어. 좋은 대학 나와야 훌륭한 사람 될 수 있어. 엄마 말 알겠지?"

받아쓰기 공부를 하는 아이를 앉혀 놓고 엄마가 일장 연설하는 모습이 눈에 그려진다. 엄마의 불안을 아이에게 표출하면 아이에게는 더 큰 불안과 부담으로 다가온다. 받아쓰기 100점을 못 맞으면 훌륭한 사람이 못 된다는 결론이 나오는 것이다. 100점을 맞은 아이는 안도의 한숨을 쉬지만 그렇지 못한 아이들은 대부분 좌절감에 빠진다.

"나는 훌륭한 사람이 못 될 거야"라며 자꾸만 부정적인 자기 최면을 걸게 된다.

"요즘 세상 살기가 얼마나 힘든데, 어떻게 걱정을 안 해요?"

"저도 불안해하지 않고 아이 하고 싶은 대로 놔두고 싶죠. 그렇지만 어디 그럴 수 있나요? 다른 애들 다 하는데 우리 애만 못 하면 안 되잖아요."

이 시대를 살아가는 엄마들은 아이를 키우는 동안 늘 마음이 편치 않다. 임신을 했을 때는 아이가 건강하게 태어나지 않으면 어쩌나, 아이를 낳아서는 아이가 제대로 성장단계에 맞춰 발달하지 않으면 어쩌나, 초등학교에 보내면 공부를 못하면 어쩌나, 중고등학교에 보내면 내신등급이 낮으면 어쩌나, 대학을 못 가면 어쩌나, 대학을 보내면 취직을 못하면 어쩌나, 취직을 하면 제대로 배필을 못 만나면 어쩌나, 아이가 가정을 꾸리고 살면 돈을 많이 벌어야 할 텐데, 승진해야 할 텐데, 직장에서 해고당하면 큰일인데 등 그야말로 걱정과 근심이 끝이 없다.

이런 걱정과 불안은 처음에는 아이를 위한 마음에서 시작된다. 아이가 엄마인 나보다 더 공부를 잘하면 좋겠다, 더 부자로 살면 좋겠다, 더 나은 삶을 살면 좋겠다, 더 행복하게 살면 좋겠다는 부모로서의 순수한 마음에서 비롯된다. 아이가 내가 겪었던 시행착오를 겪지 않고 탄탄대로를 거쳐 성공가도로만 달려가면 좋겠다는 엄마의 마음. 이런 엄마의 마음을 나무랄 사람은 아무도 없다. 그러나 이런 순수한 마음이 욕심과 더해져 불안이 심해지고 조급증으로 변질되고 만다. 이런 과정에서 엄마가 순수한 마음을 갖고 궁극적으로 '내 아이가 더 행복한 삶을 살면 좋겠다'는 바람을 엄마 스스로 망치고 있는 것이다.

"미술학원이 제일 싫어요!"

초등학교 저학년은 교과내용 중에 표현활동이 많다. 특히 1학년은 글자 해득 단계여서 장문의 글로 자신의 생각을 표현하는 것이 어렵다. 그래서 재미있는 장면 그리기, 상상하여 그리기 등 그림으로 표현하는 방식이 많다. 그런데 학생들 중에 그리기를 어려워하는 학생에게는 이 시간이 참 고역으로 느껴진다. 그래서 엄마들은 아이들이 힘들어하지 않도록 미술학원을 보낸다. 미술학원을 다니면서 그림에 흥미를 느끼고, 새로운 배움의 재미에 푹 빠져 즐겁게 다니는 학생도 있다. 그래서 점점 자신감이 살아나고 더 이상 미술 시간을 힘들어하지 않게 되는 경우도 있다. 나아가 미술에 재능을 보이는 학생들도 있다. 그렇게까지

된다면야 금상첨화라 할 수 있다. 많은 엄마들이 그런 기대감을 갖고 있고, 설사 재능까지는 아니더라도 학교 미술 시간에 힘들어하지 않고 그림을 잘 그렸으면 좋겠다는 바람으로 학원을 보낸다. 그러나 정말 그리기가 고역인 아이한테는 미술학원이 또 하나의 부담으로, 스트레스로 다가온다.

우리 반의 성호도 그랬다. 국어와 수학 과목을 특히 좋아하는 성호는 반 아이들 앞에서 자신의 생각을 발표하는 일도 별로 어려워하지 않고 성적도 좋은 편이었다. 그에 반해 미술은 힘들어했다. 한번은 독후활동 중 '기억에 남는 인상적인 장면 그리기' 활동을 하면서 한 시간이 지나도록 백지만 바라보고 있었다. 활동 시간 동안 교실을 돌면서 아이들을 봐주는데, 성호가 유독 힘들어하는 듯했다. 그림을 그리기가 어려우면 책을 보고 그대로 따라 그려도 좋다고 말했는데도 전혀 손을 대지 못하고 있었다. 그래서 성호가 그리고 싶은 장면을 조금 그려주고 이어서 그려보라고 했더니 그제야 비로소 그림을 그리기 시작했다. 그런 일이 몇 번 반복되던 중에 아이의 학교생활이 궁금한 성호의 엄마가 찾아오셨다. 성호가 표현활동을 어려워하는데, 교사가 도와주니 조금씩 좋아지고는 있지만 미술을 좋아하지는 않는다고 말씀드렸다.

그런데 그 말을 듣고 집에 돌아간 엄마는 그날 바로 성호를 미술학원에 등록시켜 다니게 했다. 아마도 아이가 미술을 힘들어한다고 하니 가만 있을 수 없었던 모양이다. 또 성호 엄마가 워낙 완벽을 추구하는 성격인 데다 성호가 다른 교과 성적이 우수한 학생이다 보니 미술 교과에까지 욕심이 났을 것이다. 그렇게 한 달이 지났을 무렵 성호에게 "미술학원 재미있니?"라고 물어보았다.

"아니요. 저는 미술학원이 제일 싫어요. 만날 그림만 그려야 되고, 너무 힘들어요."

"그럼 엄마한테 그렇게 말해보지 그러니?"

"했어요. 그런데 엄마가 그래도 다녀야 된대요. 그림도 잘 그려야 학교 다닐 때 안 힘들다고요. 힘들다고 중간에 그만두면 안 된대요."

성호의 대답을 듣고 있자니 아직 어린 나이임에도 감당하기 힘들만큼 많은 일들로 시달리는 아이가 안쓰러워 마음이 안 좋았다. 이 얼마나 모순된 말인가. 학교에서 힘들지 않기 위해 미술학원을 다니는데, 정작 아이는 미술학원 다니는 것이 너무 힘들어서 제일 싫다고 하니 말이다.

자전거도 많이 넘어져봐야 잘 탈 수 있다

나도 엄마인지라 내 아이가 힘들어하지 않고 평탄하게 자라주면 좋겠다는 바람이 있다. 내 아이 앞에 불어올 바람도 막아주고, 먼저 가서 자갈도 치워주고 싶다. 가시덩굴이 앞길을 막으면 맨손으로라도 가시덩굴을 헤쳐주고 싶은 것이 엄마의 마음이다. 이 험난한 세상을 저 어린 것이 어찌 살아갈까 걱정이 되기도 한다. 그러나 엄마인 나의 몫은 딱 여기까지만이다. 내 배 속에서 나온 아이라 할지라도 아이의 인생을 내가 대신 살아줄 수는 없다. 엄마가 아이의 삶 전반을 책임질 수는 없는 것이다.

자전거를 배울 때는 넘어져봐야 잘 탈 수 있다. 길을 걸을 때 자주 넘어져본 아이만이 아무렇지 않다는 듯 툭툭 털고 일어날 수 있다. 비바람도 맞아보고, 자갈밭도 걸어보고, 가시덩굴을 헤치느라 손에 생채기도 나봐야 아이는 더 강해진다. 자신만의 인생을 살아갈 수 있도록 단련되어진다. 스스로 자기의 길을 걸어갈 때 아이는 자신에 대한 믿음이 생기고 성취감을 맛볼 수 있다.

언제까지 아이의 앞길을 먼저 준비해줄 수 있겠는가. 엄마의 불안감에 아이의 앞날을 준비해준다고 해서 아이가 성공할 수 있을까? 엄마를 뒤따라오던 아이는 제 발에 걸려 넘어질 수도 있는 일이다. 모든 사람이 성공하는 인생을 사는 것은 아니다. 때로 갈림길에서 잘못 선택해 한참을 돌아가기도 하고 막다른 길에 부딪쳐 되돌아오기도 한다. 하지만 중요한 것은 자신에 대한 믿음과 용기를 잃지 않는 사람만이 마침내 성공의 정상에 도달한다는 것이다. 자기 자신에 대한 믿음 속에서만 삶에 대한 희망이 생겨난다. 자신에 대한 믿음과 희망만 있다면 언제든지 다시 일어설 수 있다. 따라서 아이들이 자신에 대한 믿음을 갖고 용기를 잃지 않도록 단련시켜주는 것이 중요하다.

우리 엄마들이 해야 할 일은 바로 이것이다. 엄마의 불안은 오히려 아이의 용기를 꺾고 잘못되면 어쩌나 하는 불안감만 더해준다. 그래서 아이가 새로운 시도와 도전을 포기하게 만든다.

"우리는 수많은 실수를 한다. 그것이 바로 인생이다. 하지만 최소한 그것들은 새로워지고 창조적으로 변한다."

애플의 창업자, 스티브 잡스의 말이다. 아이의 실패를 두려워하거나 걱정하지 마라. 엄마가 불안해할수록 아이는 더 불안해진다. 실패는 성공으로 안내해주는 내비게이션이다. 실수를 통해 값비싼 교훈을 배우고 그로 인해 성공의 초석을 다지기 때문이다.

어릴 때부터 작은 실패의 경험을 통해 성공근육을 키우도록 도와줘야 한다. 실패할까 봐 걱정하며 불안해하는 아이에게 실패해도 괜찮다고 격려해주는 통 큰 엄마가 되어보자.

5

◇◇◇◇◇

엄마의 뜻대로만 살아가는 아이는
행복할 수 없다

동창 중에 나와 같이 교대에 진학했다가 1년 만에 자퇴를 하고 다시 재수를 선택한 친구가 있다. 남들은 가고 싶어도 입학점수가 너무 높아서 못 가는 교대를 자퇴했다는 이야기를 들은 사람들은 하나같이 안타까워서 쯧쯧 혀를 찬다. 그러나 "평양감사도 제 싫으면 그만"이라는 속담처럼 그 친구는 남들이 다 부러워하는 교대일지언정 자신과는 맞지 않는다며 과감히 그만두었다.

교대는 커리큘럼의 특성상 조별과제가 많고 교육 실습까지 병행해야 한다. 그 친구는 부모님의 권유로 어쩔 수 없이 교대에 입학하긴 했지만 다니면 다닐수록 자신과는 맞지 않는다는 생각에 고민을 많이 했었다. 그러다 결국 자퇴하기로 결정한 것이었다.

우리나라는 보통 자녀가 진학할 대학을 결정할 때 부모의 의견이 많이 반영된다. 부모는 내 자녀가 좀 더 안정적이고 취직이 잘 되는 학과에 입학하기를 원한다. 자녀의 적성과 성향은 무시한 채 "엄마가 세상 오래 살아보니까 이 길이 더 나아. 그러니 넌 엄마 뜻대로만 하면 돼"라며 강요하곤 한다.

교대 또한 미래의 초등교사를 배출하기 위해 세워진 특수 목적 대학이다. 졸업 후 임용시험만 합격하면 교사가 되고 정년이 보장되는 안정적인 직업이라고 해서 진지한 고민 없이 쉽게 이 길을 선택해서는 안 된다. 초등교사가 갖춰야 할 조건이 많지만 그중에서도 가장 중요한 것은 아이들을 진심으로 좋아하는가 하는 점이다. 제아무리 똑똑하고 훌륭한 교육 이론으로 무장한 교사라도 아이들을 싫어한다면 치명적인 결격 사유를 갖고 있는 셈이며 결코 좋은 교사가 되기 어렵다.

그 친구는 왜 교대를 자퇴할 수밖에 없었을까? 조용하고 사색하는 성격을 가진 그는 아이들을 좋아하지 않는 편인데, 1학년 때 첫 실습을 겪으며 초등교사가 자신의 길이 아님을 명확히 깨닫게 되었다고 한다. 어린아이들이 떼 지어 "교생선생님!" 하며 달려드는 것을 보고 기겁을 했다는 것이다. 그 친구의 치맛자락을 붙잡고 팔에 매달리는 아이들 틈에서 정신이 하나도 없고 식은땀이 날 정도로 당황스러웠다고 한다. 그

때라도 자신의 눈앞에 놓인 진로가 적성과 맞지 않음을 깨닫고 다시 시작했으니 어찌 보면 참 다행한 일이다.

현재 30, 40대의 엄마들이라면 누구나 학창시절에 부모님이 당신들 뜻대로만 하려고 해서 스트레스를 받은 경험이 있을 것이다.

"내가 알아서 할게. 가만 좀 놔둬!"

사춘기 때 한번쯤 이렇게 소리 지르며 방문을 쾅 닫아보기도 했을 것이다. 반면 부모님께 반항하지 않는 착한 딸이 되기 위해 자신의 생각을 있는 그대로 말하지 못한 경우도 있을 것이다. "내가 누구 때문에 이 고생하며 사는데……. 다 너희들 잘 키우려고 그러는 거 아니냐? 그러니 내 말 들어야 한다"라는 부모님의 푸념과 협박 섞인 말을 들을 때마다 '누가 그렇게 살랬어요? 내 핑계 대지 마세요' 하며 마음속으로 항변도 했을 것이다. 나는 한창 사춘기 때 공부하라는 엄마의 말을 들으면 일부러 잠을 자거나 좋아하는 노래를 크게 틀어 놓고 듣는 등 오기를 부리며 더 반항적으로 행동하곤 했다. 나를 엄마 맘대로 휘두르려 한다는 생각에 의도적으로 더 비뚤어지게 행동했던 기억이 있다.

그런데 이렇게 '부모님이 제발 내 인생에서 빠져주길' 바랐던 아이가 커서 부모가 되면 아이러니하게도 부모와 똑같이 아이의 인생을 간섭하고 조종하려 한다. 나 역시 내 부모처럼 아이에게 부담을 주며 엄마 뜻에 따르라고 강요할 때가 많다. 혹 당신도 그렇지 않은가? 책장을 덮고 잠시나마 곰곰이 생각해보길 바란다.

아이는 엄마의 소유물이 아니다

어쩌면 우리가 어렸을 때 부모님이 그랬던 것보다 지금의 우리가 아이들의 인생에 더 많이 간섭하고 있는지도 모르겠다. 부모님 세대보다 우리 세대의 자녀 수가 훨씬 적다. 자녀 수가 적다는 것은 아이들에 대한 기대치가 그만큼 커진다는 의미다. 요즘 부모들은 보통 한두 명인 자녀에게 최상의 것을 주고 싶어 하며, 자녀가 좋은 대학을 나와 성공하길 바라는 마음이 매우 크다. 내 아이가 건강하게 자라고, 친구들과도 잘 지내고, 공부도 잘하고, 예체능도 잘하는 등 모든 면에서 다른 아이들보다 앞서길 바란다. 그렇기에 아이에게 그야말로 올인하면서 기대감을 키워간다. 아이가 완벽한 사람이 되기를 바라는 환상을 품고 초지일관 달려간다. 세상 경험이 많다는 이유로 부모가 자식의 인생을 대신 결정해주는 경우가 많은 것도 그런 맥락에서다. 어린아이일수록 아이의 뜻보다는 엄마의 뜻대로 뭔가가 결정되는 경우가 많다.

학교에서도 아이는 방과 후 학교 프로그램 중 '종합공예' 만들기를 하고 싶은데, 엄마는 공부에 도움이 되는 '영어'나 '수학' 등을 시키고 싶어 엄마와 아이 사이에 실랑이가 벌어지기도 한다. 그러나 결국은 엄마의 뜻대로 되는 경우가 대부분이다. 학원 선정에 있어서도 마찬가지다. 아이는 태권도장을 다니고 싶은데, 엄마는 영어학원에 다녀야 하기 때문에 시간이 없다고 이야기한다. 이런 식으로 아이의 의견은 철저히 무시된다. 상급학교 진학 과정에서도 마찬가지다. 엄마의 뜻이 우선시

되고 아이는 그저 엄마의 뜻에 따르는 꼭두각시가 되는 경우가 적지 않다. 더 오래 살았기 때문에 더 잘 안다는 이유만으로 아이의 인생을 엄마 맘대로 주무르려 한다. 아이 스스로 마음껏 도전하고 실패할 기회를 주지 않는다. 그저 남들이 다 가는 안전한 길만을 선택하도록 끊임없이 종용한다. 이런 녹록지 않은 과정을 거쳐 엄마의 뜻대로 어렵게 명문대에 들어갔지만 이후 아이의 인생이 결코 행복하지 않은 경우를 주위에서 심심치 않게 볼 수 있다.

엄마의 뜻대로만 살아가는 아이는 결코 행복할 수 없다. 아이는 엄마의 꼭두각시가 아니다. 엄마가 아이의 인생을 대신 살아줄 수도 없다. 아이가 자신의 뜻에 따르길 바라는 궁극적인 이유가 무엇인지 곰곰이 생각해보라. 결국은 아이가 행복하게 살기를 바라는 것 아닌가? 내 아이가 진정으로 행복하길 원한다면 자신이 원하는 삶을 살 수 있도록 존중해주고 도와줘야 한다.

최근에는 아이를 자신의 소유물로 생각하지 말고 아이에 대한 지나친 욕심을 버리자는 의미에서 '무소유 육아'라는 말까지 나오고 있다. 그렇다. 아이는 엄마의 소유물이 아니다. 엄마 마음대로 조종할 수 있는 로봇이나 장난감도 아니다. 아이에게는 아이만의 인생이 있다. 엄마로서 해야 할 일은 자신의 뜻대로 살게 하는 것이 아니라 아이가 넘어졌을 때 툭툭 털고 일어날 수 있도록 격려해주고 박수쳐주는 일이다. 그것이 진정으로 엄마가 해야 할 일이다.

'품 안의 자식'이라는 말이 있다. 아이가 어렸을 때는 부모의 뜻을 따르지만 자라서는 제 뜻대로 행동하려 함을 뜻하는 말이다. 내 아이도 품 안의 자식임을 잊지 말자. 아이는 스스로 다 컸다고 생각해서 자신의 뜻을 펴려고 하는데, 부모는 계속 품안에 넣고 자기 뜻대로만 움직이려 해서는 곤란하다. 그런 태도는 아이의 인생에 걸림돌이 될 뿐 아니라 부모와 자식의 관계에도 악영향을 미칠 수밖에 없다. 아이가 취학 연령이 되어 학교에 다닐 무렵부터 엄마는 마음을 굳게 먹고 머지않아 자신의 품에서 떠나보낼 준비를 해야 한다.

물가에 내놓은 어린아이처럼 불안하고 걱정도 되겠지만 그럴수록 스스로를 다잡고 진정으로 강한 엄마가 되어야 한다. 아이가 어릴 때부터 미리미리 엄마인 자신과 분리시켜 생각할 줄 알아야만 아이 역시 자신의 인생을 능동적으로 살아갈 수 있다. 아이에 대한 욕심과 기대를 버려야 한다. 아이에게서 한 걸음 물러서서 바라볼 줄 알아야 한다. 아이의 꿈을 무시하지 말고, 크고 작은 경험들을 할 수 있는 기회를 적극적으로 만들어주어야 한다. 그저 지켜보고 기다려주며 아이 뜻대로 맘껏 살아보도록 응원하고, 그것으로 만족해야 한다. 아이가 좋아하는 일을 스스로 찾을 수 있도록 조용히 인내하며 지켜봐줄 줄 알아야 한다. 아이 혼자서 인생의 목적을 찾아나서는 여행을 할 수 있도록 놔주어야 한다. 아이가 겪는 시행착오와 실패의 과정을 엄마가 참지 못하고 나서거나 간섭하려 든다면 아이는 자신의 의지와 힘으로 자신의 길을 찾아나설 수 없다. 언제까지 내 아이를 어린아이 취급하며 온실 속 화초로 키우려 하는가.

이제 내 아이에 대한 기대를 내려놓자. '이 험난한 세상을 어찌 살아
갈까?' 하는 걱정과 불안은 과감히 떨쳐버리고 아이에게 무한한 응원
과 격려를 보내자.

6

◇◇◇◇◇

좋은 엄마가 되는 데에도
공부가 필요하다

좋은 엄마의 네 가지 기준

아이를 낳은 세상 모든 여자들은 자연스럽게 엄마가 된다. 아이를 키우는 엄마라면 누구나 좋은 엄마가 되고 싶어 한다. 그러나 좋은 엄마가 되는 일이 말처럼 그리 쉽지만은 않다. 아이의 입장에서 보았을 때 좋은 엄마란 과연 어떤 엄마일까? 갖고 싶은 장난감이라면 무엇이든 다 사주는 엄마, 공부하라는 잔소리를 하지 않는 엄마? 아마도 자신을 있는 모습 그대로 사랑해주고 어떤 경우에도 두 팔 벌려 따뜻하게 안아주는 엄마가 아닐까!

세상 사람들이 세우는 좋은 엄마의 기준은 이와는 많이 다르다. 내가 보기에 자신의 삶을 온전히 희생해서라도 아이를 최고의 사람으로 키우는 엄마를 좋은 엄마라고 평가하는 것 같다. 일테면, 아이의 교육연령에 맞게 문화센터의 창의력 수업이나 퍼포먼스 수업을 꼼꼼하게 챙겨주는 엄마, 입학 준비를 위해 미리 미술학원이나 음악학원을 보내주고, 따로 집으로 선생님을 모셔 홈스쿨링으로 학교에서 배울 내용들을 준비시켜주는 충실한 매니저 같은 엄마, 아이가 자라서 중고등학생이 되면 평가와 입시정보의 달인이 되어 아이의 진로까지 친절하게 안내해주고 결정해주는 엄마가 최고의 엄마로 평가받는 세상이다. 이 기준이 과연 합당할까?

EBS 프로그램 〈60분 부모〉의 '행복한 육아' 편에서는 좋은 엄마를 다음의 네 가지로 정리한다. 첫째 아이를 정성스럽게 살피는 다정한 엄마, 둘째 아이가 주도적으로 학습을 해나갈 수 있도록 힘을 키워주고 적기교육을 실시하는 영리한 엄마, 셋째 내 아이만이 아니라 주변의 다른 아이들까지 '우리 아이'로 생각할 줄 아는 대범한 엄마, 넷째 가족과 함께 웃을 줄 아는 행복한 엄마가 그것이다.

이에 대해 다시 생각해보자. 좋은 엄마란 첫째, 아이가 이 세상에서 믿을 수 있는 단 한 사람이자 '내가 어떠한 일을 겪어도 두 팔 벌려 감싸줄 수 있는 단 한 사람'이라는 믿음을 주는 다정한 엄마다. 둘째, 말을 물가에 데려갈 수는 있으나 억지로 물을 먹일 수는 없듯이 아이가 스스로 학습할 수 있도록 환경을 조성해주는 엄마다. 또한 아이가 학습에 흥미를 잃지 않도록 적기교육을 할 줄 아는 현명한 엄마다. 셋째, 아이를 객관적으로 바라보며 대범하게 키울 수 있도록 엄마 자신부터 대범해질 줄 아는 엄마다. 좋은 엄마가 되기 위해 아이를 우물 안 개구리로 키우지 말아야 한다. 마지막으로 자신의 행복과 가족구성원 모두의 행복이 가장 우선시되는 '행복한 엄마'다. 이상의 네 가지 지혜를 갖춘 엄마라면 확실히 '좋은 엄마'라고 평가할 수 있을 것이다.

박혜란은 자신의 두 번째 책『다시 아이를 키운다면』에서 이른바 '좋은 엄마'를 "아이의 존재 자체를 사랑하고 고맙게 생각하는 엄마, 아이를 끝까지 믿어주는 엄마, 아이의 말에 귀 기울이는 엄마, 아이의 생각을 존중하는 엄마, 아이를 자주 껴안아주는 엄마, 아이와 노는 것을 즐기는 엄마, 아이에게 공동체의 룰을 가르치는 엄마, 아이에게 짜증을 내지 않는 엄마, 아이에게 잔소리를 하지 않으려고 노력하는 엄마"라고 말하고 있다. 이런 자신의 생각대로 박혜란은 아이들을 키우는 동안 주변에서 나쁜 엄마라고 손가락질하고 욕해도 굴하지 않고 자신의 뜻을 꿋꿋하게 지켜나갔다.

자신의 인생관이 바로 자녀관이며 교육관이다. 인생관, 자녀관, 교육관을 뚜렷이 세우고, 주변에서 아무리 세찬 바람이 불어도 흔들리지 않으면 된다. 남들이 어떤 방식으로 아이를 키우는지 지나치게 신경 쓰지 말고 그저 가볍게 참고만 하고 자신의 뚜렷한 철학과 교육관에 따라 뚝심 있게 밀고나가라고 권유해주고 싶다. 그것이 좋은 엄마가 되는 지름길이다.

오프라 윈프리의 삶을 송두리째 바꾼
아버지의 질문

여기 지혜로운 부모의 영향으로 새롭게 태어난 인물이 또 한 명 있다. 전 세계적으로 유명해진 토크쇼의 여왕 오프라 윈프리다. 그녀는 자신의 이름으로 진행했던 '오프라 윈프리 쇼'로 에미상을 47회나 수상했고, 텔레비전 기술 과학 아카데미 명예의 전당에도 올랐다. 현재 그녀는 텔레비전 프로그램 제작과 출판 및 인터넷사업 등을 총망라하는 하포 그룹 회장으로 바쁘게 살고 있다. 2009년 경제전문지《포브스》는 당시 그녀의 재산이 27억 달러(한화기준 약 3조 원)라고 발표했다. 그녀는 '미국 흑인 20대 부자' 중 최고의 갑부로 밝혀졌으며 전 세계 사람들의 부러움을 사고 있다.

그러나 그녀의 과거는 현재의 화려한 생활과는 정반대였다. 사생아로 태어나자마자 부모에게 버림받았다. 몇 년 후 어렵게 엄마와 같이 살게 되었지만 지독히 궁핍한 생활을 해야 했다. 외할머니 손에서 자라며 사촌들에게 성폭행을 당했고, 이후 삶을 비관하며 엇나가는 길을 택했다. 열네 살의 어린 나이에 출산과 동시에 자신도 미혼모가 되는 불운을 겪었다. 게다가 아기는 불행하게도 태어난 지 2주 만에 죽었고, 그 충격으로 그녀는 가출해 마약을 복용하며 지옥 같은 삶을 살았다. 살고 싶은 의욕마저 잃은 그녀의 몸은 한때 107킬로그램까지 불어났다. 당시 그녀는 못생기고 뚱뚱한 흑인 미혼모에 지나지 않았다.

그때 그녀에게 희망의 빛이 되어준 존재가 있었다. 바로 아버지 버넌 윈프리였다. 방황하던 청소년 시절, 어렵게 찾아간 아버지와 새어머니의 사랑으로 오프라 윈프리는 다시 태어났다. 삶을 비관하며 포기하려는 오프라 윈프리에게 아버지는 이렇게 물었다.

"오프라, 세상에는 세 종류의 사람들이 있단다. 일을 만드는 사람이 있고, 또 그 일이 일어나는 걸 바라보는 사람이 있지. 마지막으로는 무슨 일이 일어나는지조차 모르는 사람이 있어. 자, 너는 어떤 사람이 되고 싶니?"

아버지의 질문을 듣고 오프라는 가만히 생각해보았다. '나는 어떤 사람이 되고 싶은가?' '원하는 사람이 되기 위해 어떤 준비를 해야 하는가?' 곧 그녀는 자신이 일을 만드는 사람, 즉 자신이 주인공이 되는 삶을 살고 싶어 한다는 것을 깨달았다. 그 후 오프라는 자신의 처지를 불평하기보다 감사하는 습관을 들였으며, 틈틈이 책을 읽고 열심히 공부했다.

오프라 윈프리의 아버지는 방황하는 딸에게 "너는 왜 인생을 이 모양으로 사니?"라며 훈계하지 않았다. "너는 앞으로 이렇게 살아야 한다"라고 단정적으로 이야기하거나 일방적으로 지시하지도 않았다. 그저 좌절한 나머지 인생을 포기하려 하는 딸에게 진심을 담아 뜻 깊은 질문을 던졌을 뿐이었고, 그 질문이 오늘의 오프라 윈프리를 만들었다. 그때 아버지의 그 질문이 없었다면 지금의 오프라 윈프리는 존재하지 않을 것이다.

아이의 삶을 자신의 삶과 동일시하는 엄마는 아이의 실패로 자신 역시 실패한 삶을 살게 되고 불행해질 수밖에 없다. 아이의 삶을 대신 살아주다시피 하는 엄마는 결코 좋은 엄마가 아니다. 아이가 어려움에 처했을 때 진심으로 격려하고 지지할 줄 아는 엄마, 오프라 윈프리의 아버지처럼 깊이 있는 질문을 던질 줄 아는 지혜로운 엄마가 되어야 한다.

정신과 의사 서천석은 그의 저서 『하루 10분, 내 아이를 생각하다』에서 이렇게 말했다.

"다른 아이를 보지 마세요. 다른 부모의 말은 듣지도 마세요. 심지어 자기 아이도 보지 마세요. 차라리 자신을 보세요. 자신이 어떤 부모가 되고 싶은지, 올해에는 무엇을 발전시킬지 생각하세요. 그럼 분명 좋은 부모가 되실 거예요."

나 역시 교사 이전에 엄마다. 나 역시 사람인지라 배운 대로, 알고 있는 대로 실행하기가 참 어렵다. 이러면 이래서 안 된다, 저러면 저래서 안 된다며 지켜야 할 규칙이나 기억해야 할 것들이 얼마나 많은지 한숨이 절로 나오기도 한다. 그러나 우리는 부모니까, 엄마니까 해낼 수 있다. 내 아이를 잘 키우기 위해 이런 것들을 공부하고 노력한다는 사실만으로도 당신은 충분히 좋은 엄마다.

아이를 낳으면 누구나 자연스럽게 엄마가 된다. 하지만 좋은 엄마는 저절로 되는 것이 아니다. 좋은 엄마는 주변의 평가가 만들어주는 것이 아니다. 다른 아이가 아닌 내 아이에게 좋은 엄마가 되기 위해 끊임없이 공부하며 노력해야만 한다. 좋은 선생님이 되기 위해 열심히 공부하고 좋은 의사가 되기 위해 죽어라 공부하듯 좋은 엄마가 되기 위해서도 끊임없이 공부해야만 한다. 좋은 육아책을 읽으며 공부하는 방법도 있겠지만 어떻게 하면 내 아이에게 좋은 엄마가 될 수 있을지 진지하게 고민하며 스스로 마음을 다져야 한다. 내 아이에게 좋은 엄마가 되기 위한 지혜를 지속적으로 키워가야 한다.

7

◇◇◇◇◇

일관성 있는
양육원칙을 세워라

갈대처럼 흔들리는 대한민국 엄마들

어느 날 저녁을 먹고 있는데, '딩동' 하고 벨이 울렸다. 한 여자가 통계청 조사원이라며 통계조사 설문지 작성을 해달라고 설문지를 내밀었다. 몇 분 안 걸린다는 말에 현관문을 열어 놓고 설문지를 작성해 나갔다. 옆에서 지켜보고 있던 조사원은 직업란에 '초등교사'라고 쓴 걸 보고는 "어머, 초등학교 선생님이세요?"라며 반색했다.

설문지 작성을 다 마치자 조사원은 "선생님, 근데 사적으로 한 가지만 여쭤볼게요" 하는 것이었다. "저희 큰애가 여섯 살인데, 자꾸 주변에서 연산이랑 한자랑 이것저것 시키라고 해서요. 저는 학교에 입학하기 전에 한글만 떼서 보내려고 하는데, 자꾸 그렇게 하면 다른 애들한테 뒤처진다고 '큰일 날 엄마'라고 하네요. 학교에 입학하기 전에 미리 공부를 시켜야 하는 게 맞나요?"

그 조사원의 눈을 보니, 그동안 고민해온 흔적이 역력했다. 내 대답을 기다리는 간절함이 느껴졌다. 나는 그 조사원에게 딱 두 마디를 해주었다.

"지금 잘하고 계십니다. 주변에서 뭐라고 하든 귀를 막고 소신대로 행동하세요."

내 대답이 만족스러웠는지 조사원은 정말 고맙다고 여러 번 말하고는 환하게 웃으며 돌아갔다. 대한민국에서 아이를 키우는 엄마치고 흔들리지 않는 엄마는 없다. 귀를 막고 주변의 이야기를 듣지 않으려고 애를 쓰다가도 '내가 정말 잘하고 있는 걸까?' 하는 의심을 한번씩 하곤 한다. 가만있으려 해도 주변에서 불어오는 바람이 워낙 거세서 몸을 지탱하고 있기가 쉽지 않다.

아이가 감기에 걸려 동네 병원을 잘 다니다가도 "준혁엄마, 저기 시내 병원이 훨씬 좋대요. 나도 거기로 옮겼어요. 준혁엄마도 거기로 가봐요" 하면 '그런가?' 하며 병원쇼핑을 하게 된다. 또 어떤 엄마는 "준혁엄마, 요즘에는 ○○ 학습지로 연산 다 떼고 학교 들어간대. 나도 신청했잖아. 자기도 생각 있으면 해봐" 하며 학습지 선생님 연락처까지 적어준다. '○○ 학원이 좋다더라.' '요즘에는 뭘 시켜야 한다더라.' 주위에서 세차게 몰아치는 바람은 멈출 줄을 모른다. 내 아이가 조금 뒤처지

는 것 같으면 '같은 아파트 옆 동 ○○는 그렇게 영어를 술술 말한다는
데, 우리 애는 어쩌나?' 하는 불안감이 엄습해온다.

　상황이 이러니 대한민국 엄마는 갈대처럼 계속 흔들릴 수밖에 없다.
흔들리는 것은 괜찮다. 서둘러 중심만 잡으면 된다. 주변에서 뭐라고
하든 "네, 고마워요"라고 간단히 대답한 후 '그러나 우리 애는 패스'라고
마음속으로 말하면서 방어막을 쳐야 한다. 주변에서 엄마를 흔들기도
하지만 엄마 스스로가 흔들리는 경우도 많다. 아이를 키우는 일은 보
통 일이 아니기 때문이다. 웬만한 뚝심과 인내심으로는 할 수 없는 일
이다. 온전히 제 손으로 키워본 사람만이 그 어려움을 알 수 있다. 육아
스트레스가 만만치 않다. 그러다 보면 엄마도 사람인지라 하루에도 열
두 번씩 감정 폭발을 경험하곤 한다. 그 순간을 잘 견뎌내야 한다.

원칙 있는 양육습관으로 아들을
미국 대통령으로 키운 케네디 엄마 로즈

아이를 대할 때는 일관성이 있는 원칙을 세워두어야 한다. 예를 들어
아이가 물을 엎질렀을 때 마음에 여유가 있을 때는 "괜찮아, 실수할 수
도 있지" 하며 너그럽게 용서를 한다. 그러다가도 부부싸움을 하거나
마음이 불편할 때는 똑같은 실수에도 "또 사고 쳤니? 넌 왜 이렇게 조
심성이 없니?" 하고 소리를 지르며 감정이 폭발하게 된다. 소리를 지르

면 자제할 수 있었던 감정이 순간적으로 폭발해 더 큰 소리로 끝을 내곤 한다. 그러면 결국 "내가 너 때문에 못 살아!"라며 맘에도 없는, 하지 않아야 할 말을 아이에게 화살처럼 퍼붓고 만다. 나 역시 지난 7년 동안 워킹맘으로 육아를 하며 경험해본 과정이기 때문에 잘 안다.

그러나 그렇게 아무 일도 아닌 일에 소리를 질러봤자 결국 남는 것은 후회뿐이다. 그럴 때마다 아이는 혼란만 느낄 뿐이다. 어제는 물을 엎질러도 괜찮다고 해놓고는 오늘은 무섭게 혼내는 엄마의 모습에 아이는 당황스러움을 넘어 공포까지 느끼게 된다. 이런 일이 반복되면 아이는 대체 어느 장단에 맞춰 춤을 춰야 하나 헷갈리게 되고 자꾸 엄마의 눈치만 보게 된다. 그런 과정에서 아이는 차츰 자신감이 사라지고 자존감이 낮아지게 된다. 엄마가 아이를 키우면서 제일 중요하게 생각해야 하는 아이의 자존감을 엄마 스스로 깎아내고 있는 꼴이 되고 만다.

집 안에서 했으면 혼낼 행동을 사람들이 많은 식당이나 마트에서 하면 혼내지 않는 경우도 있다. 주변 사람들이 보고 있으니 차마 혼내지를 못하고 "너 집에 가서 보자!"라고 말하며 아이의 잘못을 그냥 넘어가는 경우다. 이런 상황도 자칫 아이에게 혼란을 주고 잘못된 방향으로 이끌 수 있다. 그러다 보면 아이는 다른 사람이 있는 장소에서는 엄마가 혼내지 못한다는 것을 간파한다. 그러다가 결국 아이는 엄마의 머리 꼭대기에 앉아 조종하려 든다.

아이를 키울 때는 엄마와 아빠의 양육철학도 일치해야 하고 일관성이 있어야 한다. 아빠와 있을 때는 허용되는 일이 엄마와 있을 때는 안 된다거나 그 반대의 경우도 있는데, 그래서는 안 된다.

"엄마는 텔레비전 보면 안 된다고 하고, 아빠는 봐도 된다고 하고. 어떻게 해?"

아이가 있을 때 부부의 생각이 서로 다르다면 다른 방에 가서 서로의 생각을 충분히 논의한 후 생각을 정리해서 아이와 대화해야 한다.

"엄마가 아빠랑 상의했는데, 텔레비전 너무 많이 보면 안 좋으니까 한 시간만 보자. 지금부터 긴 바늘이 12에 올 때까지만 보는 거야"라고 엄마 아빠의 합의된 생각을 아이에게 말해주고 엄격히 적용해야 한다. 텔레비전을 한 시간만 보기로 원칙을 세워 놓고는 집안일에 지친 엄마가 피곤하기도 하고 아이가 놀아달라는 것이 귀찮기도 해서 은근슬쩍 두 시간이 넘도록 텔레비전을 틀어 놓는 것도 곤란하다. 이 역시 아이를 혼란스럽게 만든다. 이런 일이 반복되면 '엄마가 피곤하거나 바쁘면 텔레비전을 마음껏 봐도 되는 날'이라는 잘못된 원칙이 생기게 되어 좋지 않다. 또 '약속을 지키지 않는 엄마'라는 인식이 생길 수도 있다.

9남매를 기른 케네디 대통령의 어머니 로즈는 자신만의 양육원칙을 세워 아이들을 키운 것으로 유명하다. 그중 어떤 일이 있어도 식사 시간을 지키게 함으로써 시간과 약속의 중요성을 깨닫게 했다. 식사를 하면서 자연스럽게 토론의 장을 만들어 다른 사람의 생각을 듣고 자신의 생각을 말하면서 민주주의 정신을 실천했다. 중요한 사회문제 등을 다룬 그날의 신문이나 잡지 기사를 스크랩해 식탁 옆에 붙여두고 아이들과 함께 서로의 생각을 나누기도 했다. 케네디는 어머니의 이러한 원칙이 있는 양육습관이 자신을 대통령이 되도록 했다고 고백한 바 있다.

국회방송의 김보영 아나운서는 '성공한 여성들은 어떻게 자녀를 길렀을까'란 주제의 강연에서 각자의 분야에서 최고가 된 대표 11인의 엄마가 양육과 자녀교육에 있어서도 확실한 원칙을 가지고 있었다고 말했다. 선행학습이나 영어공부 등에 대한 견해는 서로 다르지만 뚜렷한 공통점 한 가지는 바로 '옆집 엄마와 나 스스로를 비교하지 않는다'는 원칙이었다고 한다.

내가 흔들려서 중심을 잡지 못하면 내 아이도 흔들리게 된다. 양육이든 교육이든 엄마가 이랬다저랬다 갈팡질팡해서는 곤란하다. 엄마가 '나는 내 아이를 이렇게 키우겠다. 내 아이가 이런 사람으로 자라면 좋겠다'라는 방향을 정하고, 명확한 육아원칙을 세우고, 주위에서 뭐라 하든 흔들리지 말고 소신껏 아이를 키워야 한다. 자기만의 확고한 육아철학을 가진 부모 밑에서 자라는 아이는 자신과 남들을 비교하지 않는다. '난 참 괜찮은 녀석이야', '난 할 수 있어!' 하고 스스로에게 용기를 주며, 개성 있고 자존감이 높은 사람으로 성장한다. 이제부터라도 어떤 바람에도 흔들리지 않도록 두 귀를 막고 일관성 있는 양육원칙으로 뚝심을 키워나가길 바란다.

8

엄마의 헌신이
아이를 나약하게 만든다

엄마의 헌신이
아이를 오히려 나쁜 길로 이끄는 이유

"엄마는 가족 중 가장 늦게 자고 가장 일찍 일어납니다. 쾌적하고 편안한 가정을 만들기 위해 아침부터 저녁까지 분주히 움직입니다. 아이를 위해 맛있고 영양이 풍부한 식탁을 차립니다. 아이 앞에서는 아파도 아프지 않습니다."

"내 아이가 다른 아이에게 뒤처지는 건 참을 수가 없습니다. 최신 교육정보와 사설기관을 통해서라도 어떻게든 성적을 높이고 좋은 학교에 진학시켜야 합니다. 아이의 성공이 나의 성공입니다. 아이를 위해서라면 영양사도 되었다가, 운전사도 되었다가, 선생님도 되었다가 하루에 열두 번도 직업을 바꿀 수 있습니다. 아이 앞에서는 못할 것이 없는 슈퍼우먼입니다."

EBS 모성탐구 기획 〈마더쇼크〉에 출연한 엄마들의 인터뷰 내용이다. 아이를 위해 헌신하고 자신을 희생하는 일을 당연시하는 풍조가 우리 사회에 만연해 있기에 엄마들의 이런 생각이 별로 이상하게 느껴지지는 않는다. 피겨의 여왕 김연아 열풍의 영향으로 요즘 자신의 딸에게 피겨스케이팅을 가르치는 엄마가 늘고 있다고 한다. 그런데 한 일간지의 보도에 따르면, 피겨스케이터가 되기 위해서는 최소 10년 이상의 시간과 수억 원의 비용을 감당해야 한다고 한다. 일반 서민이라면 꿈도 꿀 수 없는 일이다.

아이가 조금이라도 소질을 보이면 가계에 부담이 되더라도 끝까지 가르치려는 엄마와 아이의 소질이 뛰어나지도 않고 집안 형편도 어려우니 그만 가르치라는 아빠 사이에서 갈등을 빚는다. 그럴 때 엄마들은 "부모라면 빚을 내서라도 아이가 성공할 수 있게 뒷바라지해줘야 하는 거 아니냐!"며 자신의 주장을 굽히지 않는다.

외국의 교육전문가들은 우리나라 엄마들의 이처럼 엄청난 교육열에 놀라기 마련이다. 물론 아이가 성공하는 데 있어서 엄마의 역할이 무엇보다 중요한 건 사실이다. 동물이든 사람이든 어미라면 누구나 모성을 가지고 있다. 그러나 외국에 비해 우리나라 엄마들의 모성은 조금 유난스러운 데가 있다. 그들은 '엄마가 되어 갖게 되는 성질'이라는 학문적 개념에 더해 엄마의 '헌신'을 모성이라고 믿는 것 같다.

이런 믿음의 유래를 우리의 역사에서 찾을 수 있다. 역사적으로 우리나라 여성들은 남아선호사상으로 많은 권리를 포기해야만 했고 제대로 사람대접도 받지 못했다. 그러다가 결혼해서 아들을 낳고, 그 아들이 과거에 합격해 입신양명하면 그것을 오랜 세월 동안 가족을 위해 희생만 해온 자신의 성공으로 받아들였다. 그런 터라 옛날에 살았던 우리의 어머니들은 자신의 아들을 벼슬자리에 내보내기 위해 끝없이 희생하고 헌신해야 했다. 이런 역사적, 문화적 배경을 가진 우리나라에서 엄마들의 모성은 자식의 성공을 포함할 수밖에 없다. 즉, 자연스럽게 엄마는 자식의 성공이 자신의 성공이라는 믿음을 갖게 되는 것이다.

10여 년 전, 강우석 감독의 〈공공의 적〉이라는 영화를 본 기억이 난다. 유학파 펀드매니저인 40대 아들이 노부모에게 펀드 투자금 1억 원을 대달라고 간청한다. 작전에 들어간 자신의 펀드에 1억 원을 투자하면 당장 10억 원의 이익을 낼 수 있는 상황이다. 따라서 그에게 1억 원은 10억 원에 맞먹는 가치를 지닌 큰돈이다. 그러나 아버지는 그동안 경제적인 뒷받침을 많이 해주었으므로 자신과 아내의 안정적인 노후를 위해 그 청을 거절한다. 당장 1억 원을 넣지 않으면 그동안 자신이 투자한 돈 몇 십억 원을 날리게 될 상황에 놓인 아들은 강도로 위장해 부모를 잔인하게 죽이고 돈을 훔치는 패륜을 저지른다.

자신을 죽이는 강도의 눈을 보고 아들임을 직감한 어머니는 사건현장에 남겨질 뻔한 잘린 손톱을 삼킨다. 비참하게 죽어가면서도 손톱 때문에 범죄가 발각되지 않도록 아들을 보호하기 위해서였다. 너무도 끔찍한 내용이지만 이것이 우리나라 어머니들이 가진 모성의 실체이며 자식을 위한 무조건적인 헌신이다. 그러나 이는 영화에서만 볼 수 있는 픽션이 아니다. 텔레비전 뉴스나 신문을 통해 우리는 이따금 유학파 대학교수가 부모를 죽이는 등의 패륜 사건을 접하곤 하지 않는가. 아들을 정성껏 키워 유학을 보내고 헌신적으로 뒷바라지해 대학교수를 만들기까지 그 부모가 얼마나 많은 희생과 헌신을 했을지 상상하기는 어렵지 않다.

그러한 헌신이 초래한 결과가 무엇인가. 잘못된 모성, 희생적인 엄마의 헌신이 오히려 아이를 나쁜 길로 이끈다. 엄마는 아이를 낳는 순간부터 아이에게 콩깍지가 씌어 무조건적인 사랑을 베푼다. 그러나 그 사랑이 20년 이상 지속되고 자식을 최고로 키우는 것을 삶의 유일한 목표로 삼으면서 엄마의 사랑은 차츰 변질된다. 아이를 있는 그대로 사랑하지 못하게 될 뿐 아니라 아이가 실패라도 하면 마치 그 실패가 자신의 실패인 양 걱정과 불안과 절망에 사로잡힌다. 이런 엄마는 과도한 기대와 관심으로 자식을 과보호하게 되고 엄마 없이는 아무것도 못하는 마마걸이나 마마보이로 만들고 만다. 이런 성향의 엄마 손에 자란 아이는 언제나 모든 것을 엄마가 준비해주기 때문에 새로운 환경에 적응하기 힘들고 문제 해결력도 현저히 떨어질 수밖에 없다. 자식을 잘 키우겠다는 엄마의 노력과 헌신이 오히려 나약하고 무능한 사람으로 키우고 만다.

"이제 수영복은 내가 챙길게!"

몇 년 전 4학년 담임을 맡았을 때의 일이다. 평소 숙제도 잘 해오는 성실한 여학생이 어쩐 일로 숙제한 공책이 없기에 이유를 물었다.

"엄마가 깜박하고 공책을 안 챙겨줬나 봐요" 하며 울먹이는 모습을 보며 어이가 없었다. 4학년이나 되었으면서도 엄마가 숙제를 일일이 검사하고 가방에 넣어주기까지 한다는 것이다. 더구나 아직도 알림장을 보며 준비물을 챙기는 일을 엄마가 다 해준다고 한다. 너무 놀란 나는 방과 후에 학생의 어머니에게 전화를 걸어 "어머니가 직접 공책이나 준비물을 가방에 챙겨주는 것은 교육적으로 좋지 못하다"며 자세히 설명 드렸으나 그 후로도 아이 엄마의 잘못된 습관은 바뀌지 않았다. 아마도 아이가 완벽하게 잘 챙기지 못할까 봐 걱정과 불안이 앞서 나타난 행동이었을 것이다. 그러나 엄마의 불안과 걱정을 참지 못해 아이 스스로 할 수 있는 기회를 빼앗아버린다면 그 아이의 미래는 어떻게 되겠는가? 아이를 엄마 없이는 아무것도 못하는, 조그만 충격에도 산산이 깨져버리는 '유리그릇'으로 만들 셈인가?

나의 두 아들은 수영을 가르치는 유치원에 다닌다. 어린이집 다니던 시절, 친한 친구와 유치원을 같이 다니고 싶어 하기도 하고 아들이어서인지 운동을 좋아하기에 그 유치원에 입학시켰다. 올해 일곱 살이 되고부터는 주 5일 중 세 번 수영을 한다. 하루는 격일로 챙겨야 하는 수영복을 세탁 후 깜박 잊고 보내지 못했다. '수영시간에 우리 아들만 수영을 못하고 있는 것은 아닐까?' 하는 걱정과 함께 미안한 마음이 들었다.

퇴근 후 집에 돌아와 인사를 건네는 아이에게 수영시간에 어떻게 했느냐고 묻자 아이는 "응, 유치원에 있는 수영복 입고 수영했어"라며 담담히 말하는 것이었다. "미안해! 다음부턴 엄마가 좀 더 신경 써서 챙겨줄게"라고 사과하자 "괜찮아! 엄마는 바쁘잖아. 이제 수영복은 내가 챙길게"라고 말하는 것이 아닌가!

아이가 너무도 의젓하게 말해서 적잖이 놀랐다. 내 아이가 이렇게 생각이 크도록 엄마가 되어 잘 알아보지도 못하고 그동안 어린아이 취급만 하고 있었던 것이다. 나 같았으면 "엄마가 수영복 챙겨주지 않아서 창피했다"며 엄마를 원망했을 텐데, 아이의 그릇이 나보다 크다는 것을 새삼 깨달았다. 그만큼 아이의 자존감이 높은 것이다.

"어머니는 기대야 할 존재가 아니라 기대는 것을 불필요하게 만들어주는 존재다."

미국의 소설가 도로시 캔필드 피셔의 말이다. 아이는 부모의 정서를 먹고 자란다. 경쟁심으로 압박받는 부모의 과잉보호는 아이를 의존적이고 예민하게 만든다. 원칙 없고 분별력 없는 부모의 헌신은 결국 아이를 나약하게 만들 뿐이다. 이제부터라도 바깥세상으로 모험을 떠난 아이가 언제든 돌아와 편히 쉴 수 있는 따뜻한 '스위트 홈'이 되어주어야 한다.

제 4 장

내 아이,
더 크게
더 많이
사랑하라

아이 스스로 과정의 즐거움을 느낄 수 있도록 여유를 주어야 한다.

아이들은 저마다 나름의 성장 속도가 있음을 명심해야 한다.

엄마가 손목을 잡아끄는 삶은 결코 행복할 수 없다.

지금 행복한 아이가 어른이 되어서도 행복한 삶을 살 수 있다.

1

엄마와 함께하는 다양한 경험이
문제 해결력을 키워준다

잘 노는 아이가 공부도 잘한다

우리나라 부모들의 교육열은 세계적으로 유명하다. 우리나라 학생들의 공부 양이 어마어마하다는 것도 잘 알려져 있다. 사교육비 역시 세계 최고 수준이다. 그런데 교육적 효율성 면에서 보면 전혀 그렇지 못하다. 한국청소년정책연구원이 발표한 '아동·청소년 생활패턴에 관한 국제 비교연구'에 따르면 학습시간 대비 성취도 순위가 OECD 국가 중 한국이 최하위권이라는 결과가 나왔다. 반면 국제 학업성취도 비교평가PISA에서 핀란드는 항상 1위를 차지한다. 우리나라 학생들이 주당 평균 22시간을 더 공부하는데도 핀란드 학생들에 비해 한참 뒤처지는 이유가 무엇일까? 영국 국립 과학 학습센터의 미란다 스티븐슨 박사는 한국 학생들이 국제 학업성취도 비교평가의 수학과 과학 과목에서 좋은 성적을 거두면서도 창의력이 떨어지는 이유를 '놀이시간이 절대적으로 부족'하기 때문이라고 지적했다.

'잘 노는 아이가 머리도 좋다'는 것은 과학적으로도 입증된 사실이다. 뇌과학자들에 따르면, 사람의 우뇌는 직관력과 창의력 등 감성적인 기능을 담당하고, 좌뇌는 분석능력과 언어능력 등 이성적인 기능을 담당한다고 한다. 그런데 서로 담당하는 기능이 다른 좌뇌와 우뇌는 발달 시기에도 차이가 있다. 취학 전 만 일곱 살까지는 우뇌의 발달이 이뤄지고, 이후 좌뇌가 발달하기 시작한다. 창의력은 결코 암기력에서 나오지 않는다. 그렇기 때문에 우뇌가 집중적으로 발달하는 만 일곱 살 이전까지는 아이들이 놀이와 체험활동 등을 통해 마음껏 뛰어놀면서 창의력과 직관력을 키우도록 도와주어야 한다. 그런데 우리나라 부모들은 이 시기에 조기교육을 하느라 학습지의 연산문제를 풀게 하고 영어 문장을 외우게 하느라 아이들과 씨름하고 있다. 그러면 정작 열심히 공부해야 할 시기인 중고등학생 때 질려서 공부에 대한 거부감만 늘어날 뿐이다.

며칠 전, 김치전을 먹고 싶다는 작은아이의 말에 아이들과 함께 김치전을 만들었다. 꼬막손에 비닐위생장갑을 끼면서 "엄마, 손가락을 쫙 펴야 잘 들어가네!" 하고 새로운 사실을 발견하기라도 한 듯 자신 있게 말하더니 아이들 몫으로 담아준 김치를 가위로 잘게 자르며 깔깔대고 서로 웃느라 정신이 없었다. 반죽 그릇에 서로 밀가루를 쏟겠다고 해서 각자 밀가루 봉지를 주니 큰아이는 조심조심 쏟고, 작은아이는 아무 생각 없이 털썩 쏟아 부었다. 그 바람에 미세한 밀가루가 연기처럼 올라가니 아이들이 "구름이다, 구름!" 하며 신기해했다. 큰아이가 동생에게 "다음부터는 살살 부어야 돼"라고 알려주니 작은아이는 "응, 나도 알아" 하고 대답했다. 계란도 각자 깨어보게 하고, 물을 붓고 휘휘 젓기도 하며 김치전 반죽을 완성했다. 아이들과 같이 만든 반죽으로 김치전을 부쳐내니 아이들은 아빠에게 "아빠, 우리가 만든 거야. 엄청 맛있지?" 하며 자랑스러워하고 뿌듯해했다. 이런 아이들의 모습을 보면서 아이들과 함께 더 많은 체험을 해야겠다는 생각을 했다.

대한민국 엄마들에게 절실한 핀란드 교육의 교훈

아이들이 실제로 경험을 통해 배워나가는 산지식이 많아질수록 아이들은 자신의 인생에 닥쳐오는 많은 문제들을 담담히 헤쳐 나갈 수 있는 문제 해결력을 기르게 된다. 스스로 답을 찾아가는 과정을 통해 아이들은 삶의 주도성을 배워나간다. 창의력을 담당하는 우뇌가 발달하는 만 일곱 살 이전 시기의 놀이나 체험은 부모와 함께해야 그 효과가 증대된다. 부모와 많은 시간을 같이 보낸 아이가 육체적, 정신적 발달은 물론이고 가장 중요한 정서 발달도 잘 이루어지기 때문이다. 수저를 놓으며 저녁식탁 같이 차리기, 함께 마트에서 물건 고르기, 함께 목욕하면서 스킨십 하기 등. 돈을 내고 하는 특별한 체험활동이 아니라도 아이와 함께할 수 있는 작은 경험들은 다양하다. 오히려 역사책, 명화책 등 훌륭한 작품을 눈으로만 보고 익히는 것보다 아이와 함께 모래놀이를 하며 멋진 모래성 작품을 만들어보는 것이 더 생생한 체험이 된다.

엄마들은 빨래를 널거나 설거지를 하는 등 집안일을 할 때 아이가 옆에 와서 "엄마, 나도 도와줄래요"라며 거들려고 하면 "아서라. 됐거든. 네가 안 도와주는 것이 도와주는 일이야"라고 하거나 "넌 열심히 공부만 하면 그게 바로 엄마를 진짜로 도와주는 거야"라며 아이의 접근을 막아버린다. 아이가 집안일을 하는 것만 막는 것이 아니다. 엄마와 함께하고 싶은 아이의 마음도 막고, 엄마와 아이가 서로 교감할 수 있는 기회도 막아버리는 것이다.

부모와 함께하는 공유의 경험이 많이 쌓여야 부모와 아이의 정서적 유대가 강해진다. 이 시기의 정서적 유대는 아이의 인성에 큰 영향을 미친다. 부모와 함께하는 체험 속에서 아이는 자신의 생각을 자연스럽게 말할 수 있고, 부모는 아이가 좋아하는 것을 배워갈 수 있다. 부모와 함께하는 다양한 경험 속에서 아이는 부모의 삶의 지혜도 간접적으로 배우게 되며 공감대도 형성되게 된다. 부모와의 교감이 이루어지고 정서적으로도 안정이 된다. 그러면서 육체적, 정신적, 정서적인 전인적 발달이 이루어지는 것이다.

이 시기에 부모와의 공감대를 형성하며 자란 아이들은 왕따나 학교

폭력 등 사춘기 때 겪는 어려운 문제를 혼자만의 문제로 끌어안고 끙끙대지 않는다. 부모가 삶의 본보기이며 자신의 전폭적인 지지자임을 알기에 부모에게 문제를 털어놓고 도움을 요청할 수 있다. 그러나 어렸을 때 부모에게 거절당한 경험이 많은 아이들은 부모를 믿지 못하고 마음을 열지 못한다.

부모는 내 아이가 과연 이 힘들고 험난한 세상에서 잘 버텨 나갈 수 있을까 하는 걱정과 불안으로 아이를 바라본다. 인생의 모든 일은 배움이다. 배움은 과정을 통한 즐거운 체험이어야 한다. 배움의 과정이 즐겁다는 것을 깨달아야 스스로 배움을 선택할 수 있고 평생교육으로 이어진다. 배움의 참맛과 기쁨을 알아야 공부에 제대로 몰입할 수 있으며 삶의 주도성도 키워 나갈 수 있다. 삶의 주도성이 강한 아이들은 스스로 문제를 해결하는 힘이 있기 때문에 크게 걱정하지 않아도 된다. 설령 아이가 실패하더라도 배움의 과정임을 알기에 오뚝이처럼 다시 일어날 것이기 때문이다.

앞서 국제평가에서 늘 세계 1위를 차지하는 핀란드의 공부철학은 '스스로 하는 것'이다. 대부분이 맞벌이 부부인 핀란드의 부모들은 아이들과 함께하는 시간을 가장 중요하게 생각한다. 시간의 양보다는 시간의 질을 중요하게 여긴다. 아이가 어릴 때부터 단순하고 사소한 일에서부터 복잡하고 중요한 일에 이르기까지 함께 다양한 경험을 쌓으며 많은 문제를 함께 해결하는 습관을 들이려고 노력한다. 무슨 일이든 아이 스스로 결정하도록 가르친다. 험난한 세상을 스스로 살아갈 수 있는 힘을 길러주고 주도성을 키워가는 것이 핀란드의 교육 목적이다.

핀란드에서는 아이와 소통하고 교감하는 부모 덕분에 아이가 자신의 흥미와 관심 분야에 대해 더욱 잘 알게 된다. 부모와 소통하며 오감에 솔직할수록 자신의 재능이나 적성에 대한 관심도가 높아진다. 이러한 흥미나 관심이 없는 상태에서는 꿈이나 목표가 생기지 않는다. 꿈이 있고 목표가 분명해야 공부할 힘과 열정이 생긴다.

농부는 가을에 풍성한 수확을 얻기 위해 봄에 씨앗을 뿌린다. 여름 내내 뙤약볕에서 땀 흘리는 수고를 아끼지 않으며 김을 매고 벌레를 잡는다. 성공하기 위해서는 그에 맞는 대가를 지불해야 한다. 아이를 키우는 일도 마찬가지다. 엄마와 함께하는 시간 동안 아이는 엄마와 정서적 교감을 나눈다. 아이와 다양한 경험을 하는 동안 아이는 인생에서 중요한 삶의 주도성을 배워 나간다. 백 번 잔소리하는 것보다 아이와 함께하는 한 번의 경험이 중요한 까닭이다.

2

아이의 마음을 공감해주면
닫힌 마음문의 빗장이 열린다

말썽꾸러기 진수의 고충

몇 년 전 담임을 맡았던 1학년 학생들 중 진수는 여러 가지 일로 기억에 남는다. 평소 진수는 항상 입꼬리가 아래로 처져 있었다. 흡사 어린아이가 삐치거나 울먹거릴 때처럼 뒤집힌 U자형의 입모양이었다. 진수는 학급에서 가장 말썽꾸러기이기도 했지만 기억에 남는 또 다른 일이 있다.

하루는 진수가 높은 계단 위에서 뛰어내리고, 친구들을 툭툭 치고 다니고, 수업시간에 앞에 앉은 아이를 자꾸 괴롭히는 등 여러 가지 일로 내게 주의를 들었다. 그런데 그날따라 진수가 친구들을 괴롭히는 정도가 워낙 심해서 방과 후에 남아 반성문을 쓰게 했다. 1학년이라 반성문을 쓰는 방법도 잘 모르니 공책에 오늘 자신의 행동을 적어보고 어떤 점이 잘못되었는지 생각해보도록 했다.

그러자 진수는 친구를 괴롭힌 것이 제일 잘못한 일이라고 썼다. 그래서 나는 진수에게 왜 그랬는지 물어보았다.

"그냥 심심해서요. 개랑 놀고 싶어서요"라고 대답했다. 말하는 동안 진수의 표정을 보니 진심이 느껴졌다. 생각해보니 진수는 평소 짓궂게 장난치거나 친구들을 툭툭 치고 다녀서 딱히 친하게 지내는 아이가 없었다. 심지어 진수와 짝꿍을 하고 싶어 하는 아이가 하나도 없을 정도였다.

"친구들과 놀고 싶었구나! 친구들과 못 노니까 너도 속상했겠다."

이렇게 말하며 진수의 마음을 어루만져주었다. 친구들에게 접근하는 방법이 잘못됐다는 점도 얘기하면서 앞으로는 친구들이 좋아하는 방법으로 다가가보도록 권했다. 진수의 이런 상황을 부모님도 아시는 게 좋겠다는 생각에 진수가 적은 반성문을 부모님께 보여드리고 같이 이야기 나눠보라고 했다.

다음 날, 진수에게 부모님과 이야기를 나눠보았는지 물었다.

"진수야! 어제 엄마, 아빠한테 보여드리고 말씀 들었어?"

"네."

"부모님이 뭐라고 하셨어?"

"내가 왜 너 때문에 이런 걸 받아야 되는데, 하며 화냈어요."

대답을 듣고 진수의 얼굴을 보니 또 입꼬리가 내려가 있었다. 여덟 살밖에 안 된 아이의 입모양이 벌써부터 저런 모습으로 자리 잡은 걸 보니 '평소에도 집에서 얼마나 많이 혼이 났을까?' 하는 생각에 안타까웠다. 좀 더 자세히 물어보니 진수의 엄마는 자초지종을 물어보지도 않고 반성문을 보자마자 화부터 냈다고 한다. 화를 내는 엄마에게 진수는 아무 말도 못했다고 했다.

진수의 경우는 '닭이 먼저냐, 달걀이 먼저냐'의 문제다. 평소 진수가 말썽을 많이 부리니 부모가 참다못해 화를 냈을 것이고, 자신의 마음을 몰라주고 부모가 화만 내고 혼내기만 하니 진수는 그 억압된 감정을 또다시 말썽을 부리며 풀게 되었을 것이다. 이런 악순환이 계속되니 아이의 얼굴은 어느새 혼날 때의 기분 그대로 고정되어버린 것이다.

아이의 문제는 대부분 가정에서 시작된다

아이들에게 일어나는 대부분의 문제는 가정에서 시작된다. 언제나 문제의 근원은 가정에서 찾아야 한다는 말이다. 또 아이들의 많은 문제 행동들은 가정에서 해결할 수 있다는 말이기도 하다. 그 말은 곧 부모가 바뀌면 아이도 바뀔 수 있음을 뜻한다. 이 점을 간과하고, 학교에서 일어난 일을 학교에서만 해결하길 바라는 학부모님들을 뵐 때면 안타깝기만 하다. 특히나 1학년의 경우 부모와 가정에서 더 많은 시간을 함께하고 이미 성격과 인성이 자리 잡은 상태로 입학한다. 그렇기 때문에 1학년이 잦은 문제행동을 한다는 것은 부모와 아이와의 관계, 또 가정 내 문제 등이 원인이 되는 경우가 많다.

아이의 잘못된 행동을 혼내기 전에 먼저 아이의 행동 이면에 숨겨진 아이의 마음을 읽어야 한다. 아이가 왜 친구를 할퀴었는지, 아이가 왜 친구의 장난감 블록을 무너트렸는지 아이의 마음을 들어줘야 한다. 아이가 대여섯 살이 되기까지는 '아이의 마음 읽기'가 좀 되다가도 이제 다 컸다고 마음을 놓게 되는 예닐곱 살이 되면 엄마들도 이런 마음 읽기에 소홀하게 된다. '이젠 말하지 않아도 알겠지' 하며 방심하게 되는 것이다. 아이는 나름의 이유가 있어서 행동한 것인데, 자기 말은 들어주지도 않고 화부터 내는 엄마를 보면 '엄마는 더 이상 날 사랑하지 않나봐'라고 생각하게 된다. '내가 이 세상에서 믿었던 유일한 사람인 엄마가 내 말을 들어주지 않다니……' 하며 아이는 마음에 큰 상처를 받게 된다. 이런 과정이 반복되고 내면에 '내 말을 듣지도 않고 사랑해주지 않는 엄마'라는 생각이 쌓이면 아이는 반발심에 더욱 문제행동을 일으키게 된다. 이런 경우에는 아무리 아이의 문제행동을 혼내봤자 그때뿐이다. 문제행동을 고치거나 좋은 습관을 들이지 못하게 된다.

학교에서도 잦은 문제행동을 일으키는 아이에게 왜 그랬는지 물으면 딱히 이유가 없는 경우도 간혹 있다. 잘못된 행동인지 알고 있으면서도 행동의 이유를 "그냥요", "잘 모르겠어요"라고 대답한다. 이런 경우 아이의 내면에 반발심과 불만이 쌓여 있는 경우가 대부분이다. 지금

이야 아직 어리기 때문에 친구를 건드리는 식의 작은 문제행동으로 나타난다. 하지만 이렇게 근본원인이 해결되지 않은 상태로 고학년이 된다면 선생님에게도 반항하고 친구들도 괴롭히는 학교폭력으로 이어질 소지가 다분하다. 또 앞으로 아무리 힘든 일이 있어도 부모에게는 마음의 문을 열고 도움을 청하지 않게 된다. 혼자 고민하고, 혼자 해결하려 하면서 부모와의 사이는 더 멀어지게 된다. 실제로 이렇게 자신의 마음속에 쌓아 놓기만 했던 아이가 사춘기 때 그동안 쌓인 불만이 한꺼번에 터져 일탈행동을 하는 경우도 많다.

초등학교를 졸업한 제자들의 경우에도 중학교 때 가출이나 일탈행동으로 경찰지구대에 다녀온 이야기가 심심찮게 들리기도 하는데, 바로 이 때문이다. 내재된 불만과 반발심을 풀어줘야만 아이는 더 이상 문제행동을 하지 않는다. 아이의 마음속에 쌓인 불만을 풀기란 쉽지 않다. 그러나 그만큼 부모의 노력이 필요하다. 인내를 갖고 아이의 마음 읽기를 계속해야 한다. 계속된 부모의 사랑과 노력만이 아이를 달라지게 할 수 있다.

'컵'보다 아이가 천 배 만 배 더 소중하다

학부모와 상담시간에 이야기를 나눠보면 아이의 행동이 미워서 어찌해야 할 바를 모르겠다는 엄마도 간혹 있다.

"아이가 너무 문제만 일으키고 힘들게 하니까 좋은 말은 나오지도 않고요. 아침에 눈 떠서 밤에 잘 때까지 계속 혼내고 애와 싸우고, 저도 정말 지치네요. 선생님, 내 속으로 낳은 내 자식인데 어쩜 그렇게 미울 수가 있죠?"

이런 말을 들을 때면 교사로서 나도 참 안타깝기만 하다. 아이에게는 부모가, 그중에서도 엄마가 그야말로 마지막 보루일 것이다. 그런데 정작 믿고 있던 엄마가 자신을 미워하니 아이의 입장에서는 하늘이 무너지는 심정일 것이다. 아이는 무슨 일을 하든 엄마에게 잘 보이고 싶고 관심 받고 싶어 한다. 문제행동 역시 엄마의 관심을 끌기 위한 것이다.

문제행동에 엄마의 관심이 더 컸기 때문에 '어? 이렇게 하니까 엄마가 나한테 신경을 쓰네?'라고 잘못 강화가 되어 문제행동을 반복하게 되기도 한다. 그렇게 되기 이전에 아이에게 충분한 사랑을 베풀었다면 잘못 강화된 문제행동까지 나타나지는 않았을 것이다. 예를 들어 아이가 식탁에 있는 컵에 주스를 마시다 깨트렸다고 가정해보자. 그 컵이 좋아하는 값비싼 컵일 경우에 대부분 어떻게 대처할까?

"아이고! 엄마가 조심하라고 했잖아! 이게 얼마짜리인 줄이나 알아! 내가 정말 못살아! 너 때문에 집에 남아나는 컵이 없겠다!"

대부분의 엄마들이 이렇게 윽박지르며 화를 낼 것이다. 그러면 아이는 '우리 엄마는 나보다 컵을 더 사랑하나보다'라고 생각하게 된다. 컵은 이미 깨져서 사용할 수 없다. 놀란 아이는 엄마한테 혼날까 봐 겁을 먹고 옆에 서 있다. 이럴 때 어떻게 해야 할까? 아끼던 컵이 깨져서 속상하겠지만 아이의 마음을 다독이는 일이 먼저다. "괜찮니? 어디 다친데는 없어? 안 다쳤으니까 다행이야. 컵은 다시 사면 돼"라고 말하면서 안심시켜야 한다.

"컵을 깨트려서 우리 준혁이도 많이 놀랐겠네? 엄마도 깜짝 놀랐어. 유리가 깨져서 준혁이가 다치면 준혁이도 아프고 엄마도 속상해. 그러니까 다음부터는 좀 더 조심해야겠다. 그렇지?"

이런 식으로 놀란 아이의 마음을 먼저 다독여주고 읽어줘야 한다. 이런 과정이 반복되고 습관화되면 아이에게는 '내게 어떤 일이 있어도 믿을 사람은 단 하나, 우리 엄마'라는 믿음이 자라게 된다. 이런 엄마의 사랑과 믿음이 깊이 자리 잡은 아이들은 문제행동을 하지 않는다. 잠시 일탈하더라도 엄마를 실망시키지 않기 위해 곧 제자리를 찾아간다. 지금부터라도 아이에게 화내기 전에 아이의 숨겨진 마음을 충분히 읽어주자. 아이의 잘못된 행동에는 분명히 이유가 있다. 아이가 말로 표현을 하지는 못해도 엄마가 아이의 마음을 충분히 공감해주면 어느새 닫혔던 마음문의 빗장을 열 것이다.

3

아이가 잘하는 한 가지,
달란트를 찾아라

우리 집 아이들은 블록을 잘 갖고 논다. 큰아이가 다섯 살이 되어 유치원에 보내게 되었을 때 작은 레고블록을 선물해주었다. 설명서를 보면서 한참 동안 끙끙대며 만들던 아이는 처음에는 어려울 것 같다며 주저했다. 그러나 엄마의 도움을 받아 다 만들고 나니 아이의 얼굴에는 뿌듯함이 묻어났다.

그렇게 레고블록을 접한 큰아이는 일곱 살인 지금은 더 큰 아이들이 만드는 제품도 척척 잘 만든다. 여섯 살 생일 때 받은 우주선은 아홉 살부터 만드는 제품이었던 만큼 부품이 엄청 많았다. 큰아이는 유치원을 마치고 오면 밥 먹을 때를 제외하곤 우주선 만들기만 하더니 3일 만에 완성했다. 어른이 봐도 신기할 정도로 블록을 맞출 때면 엉덩이 한 번 떼지 않고 집중을 잘한다.

그런데 제품에 나온 설명서를 보고 그대로 따라 맞추는 것뿐만 아니라 여러 제품들에서 필요한 부품만 가져다가 자기 나름대로 새로운 작품 만들기를 더 좋아한다. 자기만의 변형된 자동차, 비행기, 아지트 등을 만들어 놓고 사람 모양의 작은 피규어를 갖고 역할놀이를 한다.

작은아이의 비행기 블록이 부서졌을 때도 "형아가 고쳐줄게!" 하며 블록박사를 자처한다. "형아는 뭐든지 잘 만들어?"라는 동생의 질문에 "당연하지. 난 블록 전문가니까"라며 자신감이 충만하다. 작은아이는 이런 큰아이를 대단한 양 바라본다. 그러나 큰아이가 다 잘하는 것은 아니다. 창의적으로 블록 만들기를 잘하고 운동신경이 좋아서 축구나 수영을 즐겨하지만 책은 별로 좋아하지 않는다. 한마디로 공부 쪽은 별로다. 일곱 살이 되어 겨우 한글은 익혔지만 다른 학습적인 부분은 좋아하지 않는다. 반면에 작은아이는 책을 무척 좋아한다. 책읽기를 통해 다섯 살 될 무렵부터 스스로 한글을 익혔을 정도로 책을 좋아한다. 잠자리에서 책을 읽어주면 아이보다 엄마인 내가 잠이 먼저 들 정도다. 책을 좋아하는 만큼 작은아이는 언어능력이 뛰어나다. 그 나이에서 사용하지 않는 어휘들을 사용해서 유치원 선생님들을 깜짝 놀라게 하곤 한다.

형제지만 서로 다른 두 아이 모두 나름대로 개성이 뚜렷하고 각자의 재능이 있다. 우리 부부는 큰아이가 공부에 관심이 없다고 하더라도 크게 걱정하지 않는다. 회사원인 남편과 교사인 나는 10여 년이 넘는 직장생활 동안 '자신이 좋아하는 일을 해야 행복하다'는 진리를 깨달았기 때문이다. 그렇기 때문에 아이가 자신의 재능을 찾아 좋아하는 일을 하며 행복하기를 바라는 마음뿐이다.

세계적으로 유명한 영화감독 스티븐 스필버그는 창의적인 작품들을 선보여 모든 사람들의 부러움을 사고 있다. 부모들은 내 아이가 스필버그처럼 유명한 사람이 되고 자기 분야에서 최고가 되길 바란다. 그런 스틸버그도 어린 시절 공부에는 전혀 관심이 없었다. 간단한 덧셈 뺄셈도 못해서 수학은 늘 빵점이었다. 그 대신 그는 영화를 무척 좋아했다. 그의 흥미와 재능을 알아봐준 사람은 그의 어머니였다. 그의 어머니는 아이가 좋아하는 일을 할 수 있도록 도와줘야 한다는 자신만의 뚜렷한 교육철학을 갖고 있었다. 그가 학교를 빠져가며 8밀리미터 실험영화를 만들 때 기꺼이 배우로 출연하며 도와준 것도 그의 어머니였다. 스티븐 스필버그가 지금의 세계적인 영화감독이 된 것도 어린 시절 자신의 흥미와 재능을 알아보고 전폭적인 지원을 해준 어머니의 공이라 말할 수 있다.

한국의 부모들은 무조건 학교성적을 높이고 좋은 대학에 들어가기만을 바란다. 아이가 우수한지 아닌지의 평가 잣대는 늘 학교 성적이 기준이 된다. 옆집 아이보다 받아쓰기를 하나라도 더 맞아야 하고 기

말고사 성적이 1점이라도 더 높아야 안심한다. 아이들은 엄마의 등살에 못 이겨 어쩔 수 없이 책상 앞에 앉는다. 자신이 잘하고 좋아하는 것은 따로 있는데, 획일적으로 공부만 해야 하니 엉덩이가 들썩거리고 딴 생각을 할 수밖에 없다. 그렇기에 우리나라 아이들은 가장 행복해야 할 어린 시절부터 불행하다.

공부 능력은 수많은 재능 중 하나일 뿐이다

아이들의 재능은 다 제각각이다. 요즘에는 교육심리학자 하워드 가드너의 '다중지능이론'도 잘 알려져 있다. 기존에는 아이의 능력을 IQ로만 판단해서 IQ가 낮은 아이는 능력이 우수하지 못하다고 평가받았다. 그러나 다중지능이론이 발표되면서 아이들에게는 한 가지 지능만 있는 것이 아니라 여덟 가지의 지능들이 유기적으로 연관되어 있다는 사실을 알게 되었다. 그래서 다른 아이들에 비해 IQ가 조금 낮은 아이라 하더라도 다른 방면의 지능이 높아서 그 분야에서 얼마든지 우수한 재능을 발휘할 수 있다.

다중지능이론의 지능은 언어지능, 논리수학지능, 공간지능, 신체운동지능, 음악지능, 대인관계지능, 자기이해지능, 자연친화지능의 여덟 가지다. 내 아이에게 어떤 지능이 높은지 엄마는 잘 관찰하고 탐색해야 한다. 아이와 가장 가까이 있고, 가장 많은 시간을 보내는 사람이 엄마인 만큼 아이의 재능을 찾아내는 것도 엄마의 몫이다.

우리에게 익숙한 방송인 박경림은 대인관계지능과 언어지능이 뛰어나다. 어린 시절부터 소풍을 가면 장기자랑 사회를 맡아보기를 즐겨했고, 또 그만큼 진행을 잘했다. 한번은 학교의 여러 친구들과 함께 라디오 공개방송에 초청되었다. 그 자리에서 박경림은 프로그램 진행자와 몇 번의 대화를 나누며 숨겨진 끼를 맘껏 발휘했다. 이 일을 계기로 라디오방송의 고정게스트가 되는 행운을 잡으며 연예계에 데뷔하게 되었다.

빙판 위의 여왕 김연아 역시 어린 시절 자신의 재능인 신체운동지능을 살려 지금의 자리에 오르게 되었다. 김연아는 피아노나 그림에 흥미를 보이지 않았던 것과는 달리 피겨스케이팅은 굉장히 재미있어했다. 그런 그녀의 모습을 놓치지 않은 것은 엄마였다. 피겨스케이팅 비디오 테이프를 계속 돌려보며 동작을 따라하는 연아의 모습에 엄마는 재능을 발견하고, 연아의 모든 초점을 피겨스케이팅으로 돌려 지원을 아끼지 않았다. 지금의 김연아는 엄마가 만든 것이라고 해도 과언이 아닐 정도로 엄마의 공은 지대하다.

아이들에게는 무한한 재능이 있다. 그 숨겨진 원석을 발견하고 가공하여 값비싼 다이아몬드로 만들어주는 일이 우리 엄마들의 의무다. 『에디슨의 유전자를 가진 아이들』의 저자 톰 하트만은 "에디슨의 유전자를 가진 아이들은 우리에게 주어진 값진 선물이다"라고 말했다. 아이들은 무엇이든 될 수 있고 할 수 있는 무한한 가능성을 가지고 있다는 말이다. 그런 무한한 가능성을 다 깎아내고 오로지 공부만 잘하라고 하는 것은 어리석은 일이 아닐 수 없다.

공부 역시 재능이다. 공부 재능이 없는 아이들은 대신 다른 재능을 갖고 있다. 공부만 열심히 하라고 몰아붙이는 엄마의 눈에는 아이의 숨겨진 재능이 보일 리 없다. 이제 세상은 글로벌 시대이며 다양화 시대다. 창의성이 요구되며 획일화된 인재는 도태될 수밖에 없다. "학창시절 공부를 잘했던 학생은 교사나 공무원이 될 뿐이고, 공부를 못했던 학생은 사장님이 된다"라는 우스갯소리도 있다. 나도 교사지만 맞는 말인 듯하다. 학교에서 공부를 잘하려면 주어진 대로 시키는 대로 따라가야 한다. 물론 공부가 정말 재미있어서 하는 학생들도 있겠지만 그런 경우는 극소수에 불과하다. 그저 공부를 해야 한다니까, 부모님을 기쁘게 해드리기 위해 궁극적인 목적 없이 공부하는 경우가 많다. 그렇게 공부하면 융통성이 없고 획일화되기 쉽다. 규칙에 맞게 주어진 대로 공부해야 하니 창의적인 생각을 못하는 것이다.

세계가 원하는 인재는 공부를 잘하는 사람이 아니다. 각자 자신이 지닌 재능에 따라 뚜렷한 개성을 지닌 사람만이 세계라는 무대에서 놀 수 있다. 내 아이가 지닌 달란트, 재능이 무엇인지 평소에 꾸준히 관심과 애정을 가지고 살펴봐야 한다. 아이가 세계의 무대에서 주인공이 되길 바라는가? 그렇다면 내 아이가 잘하는 한 가지, 달란트를 찾을 수 있도록 도와줘야 한다.

4

내 아이를
손님처럼 대하라

내 아이가 내게 온 손님이라고 생각하면
더 많은 장점이 보인다

요즘에는 인터넷과 스마트폰이 발달해서 블로그나 SNS를 통해 주변인들의 소소한 일상을 실시간으로 알 수 있다. 그중 결혼 후 임신을 하고 아이를 낳은 지인들이 SNS를 통해 그 감격을 올려놓은 것을 보면 공통점이 있다. 사랑스러운 아이와 함께하며, 또는 아이의 자는 모습을 바라보며 '저희 가정에 보내주신 가장 큰 선물인 이 아이를 잘 키우겠습니다'라는 각오를 다지는 모습이다. 이 내용들을 보면 아이를 부모에게 보내준 '선물'로 생각한다는 공통점이 있다. 그만큼 감사하고 귀하게 생각하겠다는 것이다.

그런데 시간이 흐르고 차츰 아이가 자라감에 따라 그렇게 처음에 다졌던 각오는 온데간데없이 사라지고 '내가 낳은 내 자식이니까 내 생각대로, 내가 원하는 방향으로 키워야지', '이렇게 하는 것이 아이에게 제일 좋아' 하는 마음에 아이를 마치 자신의 소유물이라도 되는 듯 생각하기 시작한다.

"넌 엄마가 시키는 대로만 하면 돼."

"엄마가 하는 말 잘 새겨들어. 엄마가 다 너를 위해서 하는 소리야."

"엄마 좋으라고 공부하라는 게 아니야. 다 너 잘되라고 그러는 거지."

이렇게 합리화하며 엄마의 기대와 욕심이 담긴 잔소리들을 포장하고 있다. 처음 아이를 임신하고 낳았을 때 '건강하게만 태어나길' 바랐던 초심을 잃어가는 것이다. 우리 큰아이와 가장 친한 친구 지호는 요새 유행하는 말로 둘도 없는 '절친'이다. 돌도 안 돼 다닌 가정 어린이집 시절부터 유치원까지 생애 7년간의 세월을 함께해온 친구다. 어린이집 시절에는 아이들이 어려서 엄마들끼리 알고 지내는 정도였는데, 유치원에 같이 다니기 시작하니 아이들이 자라고 생각이 커가면서 자신들의 의견도 말하기 시작했다.

"엄마, 나 지호랑 놀이터에서 자전거 타도 돼?"

"엄마, 나 오늘 오후에 지호네 집에 놀러가도 돼? 이모가 와도 된다고 했대."

"엄마, 오늘 우리 집에 지호가 놀러 와도 돼? 같이 놀자고 약속했는데……."

　매일매일 유치원에서 보는데도 성이 안 차는지 유치원을 다녀온 후에도 한 아파트에서 이렇게 왕래하기 시작했다. 그러더니 일곱 살 되던 무렵부터는 주말을 앞둔 금요일 저녁에는 서로의 집에 가서 놀다가 하룻밤 자고 오기도 했다. 그렇게 큰아이가 지호와 가깝게 지내면서 나 역시 그동안 몰랐던 그 아이의 장점이 눈에 들어오기 시작했다. 지호 엄마와 만나 자연스레 아이들 이야기를 할 때 내가 발견한 지호의 장점을 이야기하면 지호의 엄마는 자신도 미처 몰랐다면서 놀라워했다. 그때마다 나는 "내 자식이 아니라서 단점보다 장점이 먼저 보이나보다"라며 웃었다.

　그때 불현듯 스쳐 지나가는 생각이 있었다. 내 아이 역시 지호를 대하듯 나에게 온 손님이라고 생각한다면 자식에 대한 소유욕과 기대를 덜 수 있을 것이라는 생각이었다. 그러면 좀 더 아이를 객관적으로 대할 수 있고 장점을 찾을 수 있을 것이다. 아이의 잘못을 얘기할 때도 손님에게 얘기하듯 "화분이 넘어져서 깜짝 놀랐지? 다음부터는 좀 더 조심해야겠다, 그렇지?"라며 아이의 행동에 초점을 맞출 수 있을 것이다. "너는 왜 이렇게 매사에 조심성이 없니?"라며 아이에게 인격적으로 상처를 주지는 않을 것이다.

　부모는 내 아이가 평소에 조심하고 차분하게 행동하기를 바라는 마음이 앞서서 나도 모르게 아이에게 상처 주는 말을 하게 된다. 이럴 때 부모의 기대가 그대로 전달되기는 하지만 잘못된 방법으로 전달되기에 아이는 자신의 행동을 반성하기보다 '우리 엄마는 나를 사랑하지 않나 봐'라고 생각하며 상처를 받게 된다.

스스로 결정해본 적 없는 아이는 남의 인생을 살게 된다

내 아이는 나에게 온 손님이다. 자신만의 달란트를 갖고 우리 집에 온 손님으로 대해야 한다. 부모로서 우리의 역할은 나에게 온 손님인 내 아이가 자신의 달란트를 잘 개발하도록 도와주는 것이다. 내 아이를 손님처럼 대한다면 아이에게 바라는 기대치는 줄어든다. 아이를 더 객관적으로 바라볼 수 있게 된다. 그만큼 아이의 단점보다는 장점을 잘 찾을 수 있고 인정할 수 있다.

아이의 장점과 재능을 욕심과 사심 없이 바라보면 아이가 재능을 살릴 수 있도록 편한 마음으로 도와줄 수 있다. 원래 남의 이야기는 쉽게 하는 법이라고, 제 자식은 의사나 판사가 되길 바라면서도 남의 자식이 연예인이 되겠다고 하면 "재능이 있으면 밀어줘야지요"라고 쉽게 말한다. 설령 그 '재능'이 내가 바라는 것이 아니더라도 한 걸음 뒤로 물러서서 바라봐줄 수 있다.

내 아이를 나에게 온 손님으로 생각한다면 아이에게 과도한 잔소리를 하지 않게 된다. 생각해보라. 내 집에 놀러온 아이에게 내 아이처럼 잔소리를 하지는 않는다. 잔소리는 관심의 표현이긴 하지만 걱정과 불안을 동반한다.

"뛰지 마! 그렇게 뛰면 넘어져서 다쳐!"

"양치질은 꼼꼼하게 잘 해야지. 안 그러면 다 썩어서 치료받아야 돼."

"공부 열심히 해! 안 그러면 나중에 어른 돼서 힘들게 살게 돼."

코앞의 일이든 먼 미래의 일이든 부모 입장에서는 자식이 걱정이 되고 불안하기 때문에 잔소리를 계속하게 되는 것이다. 그러나 부모의 걱정과 불안을 계속 대하며 자란 아이는 부모의 불안대로 자신이 살아갈 세상이 두렵게만 느껴진다. 그래서 세상살이에 적극적으로 나설 수가 없다. 세상의 눈치를 봐가며 부모의 보호 속에 갇혀 소심한 삶을 살아가게 된다. 진취적인 사고, 창의적인 사고를 할 수가 없다. 세상일을 직접 겪으며 문제를 해결해본 경험이 없기 때문에 세상살이가 무섭기만 하다. 이런 아이는 어른이 되어서도 삶의 주도성을 갖기 어려우며, 자기 결정권도 갖지 못하게 된다. 자신의 삶을 능동적으로 개척해 나가는 것이 아니라 수동적으로 그때그때 주어지는 대로 살게 된다.

무엇이든 스스로 결정해본 적 없는 아이는 결국 남의 인생을 살게 된다. 부모가 하라는 대로 하는 꼭두각시의 삶을 살게 되는 것이다. 자신이 좋아하는 것이 무엇인지도 모르고, 하고 싶은 일이 무엇인지도 모른 채 하루하루를 그냥 살아가기만 한다. 삶의 목표나 꿈이 없다. 이런 삶에 과연 행복이 있을까? 끈기 있게 노력해서 해 내려는 근성을 찾아볼 수 있을까? 실패를 딛고 일어서서 맛보는 성취감을 느낄 수 있을까? 이미 중년이 된 내 자식이 노년이 된 부모의 그늘 속에 여전히 살도록 만들고 싶은가?

얼마 전 〈힐링캠프〉라는 방송 프로그램에 53명의 엄마인 배우 신애라가 출연했다. 신애라는 아들을 낳고 두 딸을 공개입양해서 같이 살고 있다. 나머지는 동남아 등에 살고 있는 아이들 중 생활이 극도로 어려운 50명의 아이들을 선정해 국제기구를 통해 후원하고 있다. 이날 토크쇼에서는 아들과 두 딸의 육아에 대해서도 다양한 이야기가 오고 갔다. 신애라는 아들뿐만 아니라 입양한 두 딸도 자기 가정에 보내주신 귀한 선물이라고 생각한다고 말했다. 또한 직접 낳은 친아들과 가슴으로 낳은 두 딸을 똑같이 생각한다며 잘못했을 때는 똑같이 혼내고 사랑도 똑같이 베푼다고 한다. 자신의 노력으로 얻은 결과는 많은 칭찬을 해주지만 노력 없이 얻은 결과에 대해서는 '그 결과는 너의 것이 아니다'라며 비판도 서슴지 않는다고 했다. 아이들 스스로 문제를 해결해 나가기를 바라며, 그 과정에서 즐거움을 느낄 수 있기를 바란다고 했다. 이런 신애라의 흔들림 없는 육아철학 속에는 이미 아이를 내 집에 온 '손님'으로 대하는 마음이 밑바탕에 자리 잡고 있었다.

내 집에 온 손님에게 이래라저래라 하며 간섭하는 사람은 없다. 그저 손님이 필요로 하는 것을 안내하며 도와줄 뿐이다. 아이는 생각할 줄 아는 작은 어른이며 하나의 인격체다. 자신의 앞날을 스스로 결정하며 문제에 부닥치면 스스로 해결해 나갈 수 있도록 삶의 주도성을 되돌려 줘야 한다. 시행착오를 겪으며 더 단단해지고 더 강해진다. 그 안에서 삶을 살아가는 꿈과 목표를 찾을 수 있다. 목적의식 있는 삶이야말로 이 어려운 세상살이에서 용기를 잃지 않고 살아갈 수 있도록 해주는 단단한 버팀목이 되어준다. 내 아이를 나에게 온 손님으로 대해보자. 이 것이 내 아이에게 해줄 수 있는 최고의 선물이다.

5

지금 행복한 아이가
어른이 되어서도 행복하다

아이에게는 자기만의 성장 속도가 있다

나는 큰아이에 대한 기대가 컸다. 엄마, 아빠 모두 소위 말하는 IQ가 높아 머리가 좋은 사람들이고, 또 임신했을 때 나름대로 태교에 심혈을 기울였기 때문이다. 그래서 네 살 때 한글을 가르쳐도 남들보다 빨리 익힐 것이라 자신했었다. 지금 생각하면 우스운 일이지만 '만약 영재라면 어떻게 뒷바라지를 해야 하지?' 하는 상상을 하기도 했다.

그러나 그것은 기우였다. 아이는 한글을 떼기는커녕 선생님과 마주 앉아 있는 시간도 힘들어했다. 그런 아이를 바라보며 실망은 했지만 아이에 대한 기대를 내려놓았다. 아이를 있는 그대로 받아들이고 인정하자고 생각을 바꾸고 나니 마음이 편해졌다.

그로부터 2년 뒤, 일곱 살이 되자 아이는 한글을 가르치려고 하지 않았는데 자연스레 관심을 갖기 시작하더니 글자에 대해 이것저것 물어보기 시작했다.

"엄마, 이건 뭐라고 읽어? 엄마, '엄마'라고 어떻게 써?"

그렇게 관심을 가진 지 3개월여 만에 거의 모든 글자를 읽기 시작했다. 나를 포함한 가족 모두 놀랄 수밖에 없었다. 학교에 입학하기 전 한글이나 제대로 익히고 갈지 걱정이었는데, 자기 스스로 해낸 것에 놀랄 따름이었다. 반면 둘째아이는 형보다 일찍 한글을 익혔다. 둘째는 계획한 임신도 아니었고, 17개월 터울로 갑작스레 낳은 아이였기 때문에 큰아이를 키우느라 배 속의 둘째는 태교를 신경 쓸 수도 없었다. 그렇게 태어난 둘째는 항상 형에게 치여 엄마에게 조기교육을 받아본 적이 없다. 그렇게 자유롭게 자란 둘째는 다섯 살 생일이 되는 1월에 이미 대부분의 글자를 읽을 수 있었다.

큰아이에 대한 시행착오를 겪었기 때문에 사실 작은아이는 아예 한글을 가르칠 생각도 하지 않았었다. 그럼에도 작은아이는 엄마가 밤마다 잠자리에서 읽어주는 책을 보며 한글을 익혔다. "연못에 큰 개구리가 살았어요"라고 읽어주면 "엄마, 연못 글자가 어디 있어?" 하며 책에 나온 글자를 궁금해했다. 그럴 때 "여기"라고 손가락으로 짚어주면 "알았어"라고 대답했다. 그러더니 어느새 책 제목을 읽기 시작하고, 어린이집 가는 길에 주차되어 있는 자동차들의 번호판을 읽고, 간판을 읽어나갔다. 큰아이는 아직 한 글자도 제대로 읽지 못하는 때였다. 이렇게 한 배에서 나온 자식들이라도 성장 속도가 다름을 알 수 있다.

아이들은 저마다의 성장 속도가 있다. 돌 무렵 아이가 걸음마를 시작하고 이내 한걸음씩 내디딜 때 엄마는 아이의 손을 꼭 붙잡고 아이의 발걸음 속도에 맞춰 걷는다. 너무 느려서 답답하다고 빨리 좀 걸으라고 짜증내거나 속상해하지 않는다. 아이가 한 걸음 한 걸음 걷는 것이 대견해서 계속 '옳지, 옳지!' 하며 응원하기 바쁘다.

그랬던 아이들이 자라서 학교에 다니기 시작하면 엄마의 기대와 욕심도 커지기 시작한다. 시험에서 40점 맞은 아이에게 "이렇게 해서 어떻게 좋은 대학을 갈 수 있겠니? 100점은 언제 맞아올래?" 하더니 100점을 맞아온 아이에게 "너희 반에 100점 맞은 애들은 몇 명이니? 이제 전교 1등은 해야지" 하고 바라게 된다. 좋은 결과를 바라는 엄마의 속도를 따라가기에 아이들은 너무 버겁기만 하다. 내 아이의 성장 속도에 엄마가 맞춰야지, 엄마의 속도에 아이를 맞추게 하면 아이는 결국 넘어지고 만다.

교육은 100미터 단거리 경주가 아니라 장거리 마라톤이다. 바로 코앞의 1~2년만 생각할 것이 아니라 아이의 인생 전반을 두고 생각해야 한다. 부모는 왜 아이가 공부를 잘하길 바라는가? 궁극적으로 아이가 삶에 쫓기지 않고 즐겁고 행복하게 살기를 바라기 때문이 아닌가! 20대까지 죽어라고 공부해서 자격증과 해외 어학연수, 인턴 과정 등 스펙 쌓기에 목매다가 30대에는 직장을 찾아 헤매고 40, 50대에는 직장에서 쫓겨나지 않으려고 아등바등하며 살기를 바라지 않기 때문이다. 좀 더 여유롭게 즐기며 살길 바라는 부모의 마음이 간절하기 때문이다.

아이의 성적보다
자존감을 지키는 일이 더 중요하다

아이가 행복한 길은 어떤 길일까? 핑크빛 미래를 상상하며 현재를 담보 삼아 고통을 인내하는 길이 아이를 행복하게 하는 것일까? "지금 힘들어도 조금만 참아. 대학만 들어가면 네가 하고 싶은 대로 할 수 있어."

이런 말로 격려하며 아이를 밀어붙이지만 이것이 거짓인 것은 부모가 더 잘 알고 있다. 열심히 공부해서 대학에 가고, 죽어라 취업 준비해서 회사에 취직하고, 나름대로 안정된 직장인으로 하루하루를 살아가더라도 또다시 끊임없이 내일을 걱정하며 산다면 그것이 진정 행복한 일이 아니라는 것을 부모인 우리는 잘 알고 있다. 바로 우리가 그런 길을 걸어왔기 때문이다. 이 같은 불행을 우리 아이들에게도 그대로 물려주겠는가? 진정 그것이 아이의 행복을 위하는 길일까?

조금 늦더라도 아이가 제대로 된 길을 찾을 수 있도록 도와줘야 한다. 조금 더디더라도 자신이 하고 싶은 공부를 하고, 자신이 하고 싶은 일을 하고, 자신이 가고 싶은 직장에 간다면 그 인생이 훨씬 더 행복한 것이다. 인생은 속도가 아니라 방향이 맞아야 하기 때문이다. 아무리 빨리 간다 해도 길을 잘못 들어 유턴해서 되돌아와야 한다면 그 길이 훨씬 더 느린 길이 되고 만다.

지금 행복한 아이가 미래에도 행복할 수 있다. 지금 자신이 하고 싶은 일을 즐겁게 하는 아이가 어른이 되어서도 즐겁게 일을 할 수 있다. 노력하는 자는 즐기는 자를 이기지 못한다는 말이 있다. 자신이 좋아서 하는 일은 결과를 바라고 하는 일이 아니라 과정 자체를 즐기기 때문에 실패를 해도 포기하지 않고 모든 열정을 쏟아 부을 수 있다. 그렇기 때문에 그런 과정 속에서 더 좋은 성과를 낼 수 있는 것이다.

아이가 과정의 즐거움을 맛보도록 기다려줘야 한다. 과정의 즐거움, 성취감, 뿌듯함을 한 번 맛본 아이들은 그 짜릿함을 잊을 수가 없다. 그래서 엄마가 시키지 않아도 스스로 공부한다. 그런 아이들에게 왜 공부를 하느냐고 물어보면 '내 꿈의 성취수단이 되기 때문'이라고 당당하게 말한다. 공부를 해야 하는 이유를 스스로 찾아낸 것이다.

1학년을 몇 년간 가르치다 보면 2학기가 되었는데도 한글을 익히지 못하는 아이가 간혹 있다. 엄마 입장에서는 속 터지는 일이 아닐 수가 없다. 담임선생님 뵐 면목이 없다고 죄송해하기도 한다. 그래서 아이를 더 윽박지르고 몰아붙인다. 그러면 그럴수록 아이는 더 주눅이 들어서 아는 글자도 헷갈린다. 자신감이 떨어져 모든 일에 소극적이 되고, 내성적인 성격이 되고 만다. 아이가 잘되길 바라는 마음에서 한글을 익히라는 원래의 취지를 벗어나 오히려 엄마가 아이에게 가장 중요한 자존감을 떨어트린다.

나는 1학년 아이들에게 받아쓰기 시험을 출제하고 채점할 때도 저마다의 특성과 상황을 고려하여 평가하려고 노력한다. 지난 번 시험에서 여덟 문제를 맞힌 아이가 아홉 문제나 열 문제를 맞혔을 때나 한 문제 맞혔던 아이가 두세 문제 맞혔을 때를 똑같이 칭찬해준다. 아이들에게는 맞힌 개수가 중요한 것이 아니다. 얼마나 성실히 노력했는지 그 과정이 중요하다. 아이들 저마다의 학습 속도를 인정해주어야 한다. 때로는 후자의 아이를 더 칭찬할 때도 있다. 한 문제 맞힌 아이는 그만큼 학습 속도가 느리다는 뜻인데, 그 아이에게는 현재의 상태에서 한 문제 더 맞히는 것이 머리 좋고 공부 잘하는 아이가 한 문제 더 맞히는 일보다 훨씬 더 어려운 일이기 때문이다.

열 문제 중 단 두 문제를 맞혔을 뿐인데도 칭찬을 받은 아이는 자신감이 생긴다. 그야말로 공부할 맛이 나는 것이다. 공부의 맛을 본 아이는 주변에서 해주는 칭찬보다도 스스로 느끼는 성취감과 앎의 즐거움에 동기 부여가 된다. 속도가 좀 더디지만 스스로 공부의 맛을 찾아가며 학습하는 아이는 엄마가 시켜서 억지로 공부해 100점 받는 아이보다 더 많은 공부 저력이 생긴다. 그런 아이가 더 오래 버틸 수 있고, 끝까지 갈 수 있다.

공부 저력과 자신이 하고 싶은 일에서 끈기 있게 성공하려는 노력은 과정의 즐거움을 느낄 수 있을 때만 가능하다. 과정의 즐거움을 느끼게 하려면 아이 스스로 해낼 때까지 기다려주어야 한다. 즉, 엄마의 속도가 아닌 아이의 속도를 인정해야 한다는 말이다.

지금 조금 늦다고 평생 뒤지는 것은 아니다. 아이의 인생을 길게 보는 시각이 필요하다. 아이 스스로 과정의 즐거움을 느낄 수 있도록 여유를 주어야 한다. 아이들은 저마다 나름의 성장 속도가 있음을 명심해야 한다. 엄마가 손목을 잡아끄는 삶은 결코 행복할 수 없다. 지금 행복한 아이가 어른이 되어서도 행복한 삶을 살 수 있다.

6

부모가 아이를 키우는 것이 아니라
아이와 함께 살아가는 것이다

부모도 아이와 함께 성장해가라

"아들들 키우기가 영 만만치 않을 텐데, 나중에 결혼시킬 때 돈도 많이 들고 말이야. 무엇보다 아들은 결혼하고 나면 마누라랑 처갓집만 챙기느라 제 부모는 신경도 안 쓴다니까. 더 늦기 전에 딸 하나 더 낳아."

내가 아들만 둘을 두었다고 하면 주위 어른들께서는 나보다 더 걱정을 하신다. 노후에 딸이라도 있어야 노부모가 된 우리 부부가 덜 외로울 것이라는 뜻에서 안타까워 하시는 말씀이다. 그러나 나는 생각이 좀 다르다. 자식 덕을 바라고 키우는 것이 아니기 때문에 노후를 위해 딸을 꼭 낳아야 된다고 생각하지 않는다.

우리나라에서 시어머니와 며느리의 고부갈등이 지속되는 이유는 자식들을 키울 때 '내가 이렇게 온 정성을 다해 키웠으니 내 자식이 내 공을 알아주겠지' 하는 기대심리가 있기 때문이다. 그렇게 희생하는 마음을 갖고 훗날 돌아올 영광을 생각하며 키우다가 자식이 커서 가정을 이루었는데 자신의 기대가 산산조각이 나면 어떤가. '화병火病'이 생기고 며느리가 밉게만 보이게 된다.

화병의 사전적 정의는 억울한 마음을 삭이지 못하여 신체적 장애가 생기는 것이다. 왜, 무엇이 억울한가? 자신을 희생하며 자식을 공들여 키웠다고 생각하기 때문이다. 자식에게 '올인'하고 자식만을 바라보며 자신의 인생을 살지 않았기 때문에 지난 세월이 억울하여 '빈둥지증후군'도 겪게 되는 것이다.

이제는 부모들의 사고도 바뀌어야 한다. 자식은 부모가 키우는 것이 아니다. 부모와 자식, 온 가족이 함께 살아가는 것이다. 가족들이 서로 사랑하며 각자 스스로의 발전을 꾀하며 어우러져 살아가야 건강한 가정이 될 수 있다. '내가 너를 위해 내 인생을 희생한다. 그러니 나중에 이 세월을 네가 책임지고 보상해줘야 한다'라는 생각은 오히려 자식의 앞날에 아무런 도움을 주지 못한다. 아니, 오히려 부모의 부담이 버거워 아이가 자유롭게 훨훨 날지 못하게 만든다. 아이가 꿈을 맘껏 펼칠 수 없게 아이 발목을 잡고 있는 것이나 마찬가지다.

서구의 가정교육이 다 좋은 것은 아니지만 자식들을 정신적으로 일찍 독립시키는 문화만큼은 우리가 본받아야 할 점이다. 서구에서는 자식의 개성과 꿈을 중시하고 고등학생 때까지만 경제적 지원을 해준다. 그 이후에는 경제적으로도 독립을 하기 때문에 자식들에게 기대하는 바도 적다. 자식은 자식대로 자신의 꿈을 좇아 기계공이 되든지 박사가 되든지 자신이 선택한다. 부모는 부모 나름대로 자식에게 의지하지 않고 부모 자신의 인생을 살아간다. 그러므로 고부갈등이 적을 뿐 아니라 서로의 삶을 간섭하지 않고 존중하며 살아갈 수 있다.

건강한 부모와 자식의 관계는 아이만이 아니라 부모도 함께 성장해 가는 관계다. 아이만 열심히 공부시켜서 좋은 대학 보내고 월급 많이 받는 대기업에 취직시키려고 애써서는 안 된다. 아이가 스스로 공부하고 문제를 해결하기 위해 노력할 수 있도록 조용히 도와주면서 동시에 부모는 자신의 인생을 성장시키고 발전시키기 위해 노력해야 한다.

'아트스피치'의 김미경 강사는 한 강연에서 "한의사가 되고 싶었던 엄마의 꿈을 네가 이뤄주렴"이라고 자식에게 말하는 엄마에게 "한의대 싫다는 자식에게 강요하지 말고 엄마가 직접 한의대 가라!"고 뼈 있는 말을 하기도 했다. 그렇다. 부모의 꿈을 자식에게 강요하는 시대는 지났다. 나이 마흔이 넘은 엄마도 자신만의 꿈을 꾸고 계속 성장해가는 삶을 살아야 한다. 오히려 이런 진취적이고 적극적이며 긍정적인 엄마의 삶의 자세를 보며 크는 아이들은, 자신도 열심히 살기 위해 저도 모르게 본받게 된다. 부모는 아이들의 성장에 가장 중요한 환경이기 때문이다.

사실 나 역시 아이들에 대한 마음을 내려놓은 지 2년 정도밖에 되지 않았다. 그 전에는 아이들이 어리기도 했지만 요새 엄마들 사이에서 흔히 쓰는 표현대로 아이들이 워낙 '엄마 껌딱지'였다. 그렇게 엄마밖에 모르는 아이들을 마음 놓고 떼어 놓을 수가 없었다. 그래서 퇴근하면 바로 집에 가서 아이들과 함께 시간을 보내기에 바빴다. 아이들을 낳고 5년 남짓의 시간 동안 자기계발을 하지 않은 채 그저 학교와 집만 오가다 보니 무언가 헛헛하기만 했다. '아이들 바라기'로 계속 살아간다면 아들 둘 낳았다고 안타까워하시는 주변 어른들의 말씀처럼 될 것 같아서 훗날 나의 미래가 걱정되었다. 무엇보다도 나 자신의 인생은 없는 것 같고, 엄마로서의 인생만 사는 것 같아서 늘 허전했다.

그래서 출산 후 육아서만 읽었던 스스로를 반성하며 나 자신의 인생을 살 수 있는 자기계발서를 읽기 시작했다. 새로운 꿈을 꾸며 책을 읽게 되니 스스로에게 만족할 수 있었고 아이들과 함께하는 시간에도 좀 더 집중할 수 있었다. 예전에는 아이들과 함께 보내는 시간에 마음도 지치고 체력적으로도 지쳐서 짜증도 많이 냈는데, 자기계발을 하다 보니 활기가 넘치기 시작했다. 그런 엄마의 변화된 모습을 아이들이 더 좋아하게 되었다.

"엄마, 우리 놀이터 나가고 싶은데 엄마도 같이 나가자. 엄마는 나가서 책 봐도 돼."

이제는 아이들도 자연스럽게 말한다. 또 책을 읽는 것에 그치지 않고 한걸음 더 나아가 책을 쓰고 있다. 아이들에게 "엄마 공부하고 올게"라고 말하면 아이들은 "응, 엄마. 공부 열심히 하고 와!" 하고 응원해주었다. 아이들에게만 집중해 살았던 엄마가 바뀐 것처럼 '엄마 껌딱지'였던 아이들도 바뀌기 시작했다. 엄마가 텔레비전을 보는 대신 책을 읽고 있을 때면 아이들도 그림책을 갖고 엄마 옆에 와서 보게 되었다.

얼마 전 둘째의 유치원 부모참여수업에 갔더니 '엄마, 아빠를 생각하면 떠오르는 것'이란 주제의 표현작품에서 둘째아이는 '책'이라고 적고 그림을 그려 놓았다. 아무래도 엄마가 책 읽고 공부하는 모습이 익숙해졌기 때문인 것 같다. 아이의 재능에 있어서 선천적으로 타고난 지능지수는 51퍼센트만 영향을 미친다고 한다. 나머지 49퍼센트는 아이가 자라는 동안의 환경에 따라 결정된다고 한다. 또한 IQ는 성장환경에 따라 더 좋아지기도 하고 나빠지기도 한다는 연구결과가 나왔다.

부모는 아이들에게 가장 중요한 환경이다. 부모가 좋은 환경이 되어 발전적인 모습을 보여준다면 아이의 재능이 타고난 것보다 더 우수해질 수 있지만 부모가 좋지 않은 모습을 보인다면 오히려 타고난 아이의 재능마저 사라지게 만들 수도 있다.

자식은 부모가 키우는 것이 아니라 부모와 함께 한 가족으로서 살아가는 것이다. 부모가 희생해서 아이를 키운다는 생각을 바꾸면 육아 스트레스도 줄어든다. 더 나아가 부모와 자식이 서로 성장하고 발전해간다면 서로에게 도움이 되는 상생효과를 기대할 수 있다. 부모는 노후에 자식에게 짐이 되지 않을 것이고, 자식 역시 부모에 대한 부담이 줄어서 하고 싶은 일을 맘껏 하며 자신의 재능을 키울 수 있을 것이다. 가족 구성원 각자의 성공과 발전을 위해 노력하는 가정이 건강한 가정임을 기억해야 한다.

7

부모가 믿는 만큼
아이는 성장한다

"내가 그럴 줄 알았어. 네가 잘하는 것이 뭐 하나라도 있어야 말이지! 넌 도대체 어떻게 생겨먹은 거냐! 정말 내가 답답해서 살 수가 없다!"

한번은 학생들 하교지도를 한 후 교실에 들어와 청소를 하며 뒷정리를 하는데, 밖에서 학부모님의 목소리가 크게 들렸다. 평소 아이를 데리러 자주 오셔서 목소리의 주인공이 우리 반 어머니인 걸 금세 알았다. 무슨 내용인지 가만히 들어보니, 아이가 학교 도서관에서 대출한 책을 잃어버려서 엄마에게 혼이 나는 중이었다.

말씀이 좀 심하다는 생각에 어머니께 가보았다.

"어머님, 잃어버린 책이 집에 있는지도 잘 찾아보시고, 없으면 집에서 비슷한 책 갖고 오면 되니까 너무 걱정 마세요."

"아뇨, 선생님. 얘는 우산이든 책이든 뭐든 다 흘리고 다녀서요. 그래서 제가 못 미더워서 매번 데리러 오는 거거든요. 그런데요, 보세요. 이번에도 책을 어디다 흘렸는지 모른다잖아요."

이렇게 말씀하시는 어머니 옆에서 아이는 고개를 푹 숙인 채 땅만 바라보고 있었다. 그 아이의 모습이 얼마나 안쓰러웠는지 아직도 눈에 선하다. 그 아이가 아직 한글도 못 깨우쳤고, 인지나 학습속도도 느려서 어머니가 그동안 많이 힘드셨을 것이다. 어머니의 심정은 충분히 이해한다. 그러나 아이가 보고 듣는 앞에서 아이에 대한 실망감을 드러낸다면 그 아이는 더욱 자신감을 잃고 좌절하고 만다. '난 해도 안 되나봐', '만날 실수만 하니까', '역시 난 안 돼'라는 초라한 자기 이미지가 고착되고 만다. 그러면 아이가 잘할 수 있는 일도 실수를 하게 되고 실패의 경험만 차곡차곡 쌓이게 된다. 늘 실패만 하는 아이는 결국 인생에서 가장 중요한 자존감을 상실하고 만다. 자기 자신을 사랑하고 존중하고 스스로 믿지 못하게 되는 것이다. 그러니 잘 될 일이 없다. 악순환만 반복되는 것이다.

병원에서는 만성질환이나 심리적 영향을 많이 받는 질환이 있는 환자가 통증을 호소할 경우 바로 진통제를 투여하지 않고 약효가 전혀 없는 거짓약(위약)을 투여하여 통증을 가라앉히기도 한다. 환자 스스로

'진통제 주사를 맞았으니 이제 통증이 줄어들겠지' 하는 믿음이 실제로 통증을 줄이는 것이다. 이를 '플라시보효과'라고 한다. 이렇게 믿음은 눈에 보이지는 않지만 신체적 변화까지도 일으키는 중요한 심리요소다.

학부모 참관수업 때 수많은 학부모님이 오시지만 아이의 눈에는 오직 내 부모, 내 엄마만 보인다. 다른 사람은 보이지 않기 때문이다. 아이에게는 자기를 바라보는 부모님의 눈이 가장 중요하다. 그렇기 때문에 성장하는 아이에게 부모님의 믿음은 그 무엇보다도 절대적이다.

고등학교를 중퇴한 자동차 수리공이었던 스티브 잡스의 아버지는 아들이 전자회로에 관심을 보이자 아들과 함께 중고부품가게를 찾아다녔다. 아들이 라디오나 전축 등을 만드는 데 필요한 중고부품을 구해주기 위해서였다. 또 차고 한쪽에 아들이 작업할 수 있도록 전용공간을 마련해주기도 했다. 차고에서 자동차를 수리할 때는 함께 작업하며, 남에게 보이는 앞부분만 신경 쓸 게 아니라 보이지 않는 뒤쪽도 잘 다듬어야 함을 조언해주기도 했다. 이 조언은 잡스가 훗날 애플에서 다양한 제품을 만들 때도 적용하는 원칙이 되었다.

한번은 잡스가 문제를 일으켜 학교에서 부모님을 부르기도 했다. 그때 잡스의 아버지는 학생의 호기심을 자극하지 못하고 바보 같은 내용만 달달 외우게 하는 학교가 문제라며 오히려 잡스 편을 들었다고 한다. 형편이 넉넉하지 않았음에도 아들을 보냈던 공립학교에서 패싸움과 성폭행 등의 문제가 많이 벌어지는 것을 보고 집을 팔고 이사를 가서 지역 명문학교에 잡스를 보내기도 했다.

친아들이 아니었음에도 잡스에게 이렇게 신경을 쓰며 정성을 쏟은 잡스의 양부모는 진정 아들을 믿었던 것이다. 잡스의 부모는 아이가 틀에 박힌 사고를 하지 않고 자유롭게 창의성을 키울 수 있도록 믿음을 바탕으로 한 확고한 교육철학을 갖고 있었다. 그 결과 스티브 잡스는 혁신적인 제품들을 탄생시킬 수 있었다.

아이의 가능성을 믿고 지지해주는
통 큰 부모가 돼라

엔학고레 소통아카데미 정경호 대표는 한 칼럼에서 아들과의 일화를 소개하고 있다. 야구에 푹 빠져 있는 아들이 한 손에는 시험지를, 다른 한 손에는 회초리를 들고 아버지 앞에 왔다. 시험지의 점수는 55점이 었다. 아들은 운동하는 재미에 푹 빠져 제대로 공부를 안 했다는 잘못을 스스로 알고 혼날 준비를 하고 왔던 것이다. 그런 아들에게 정경호 대표는 "네가 55점을 맞든 0점을 맞든 100점을 맞든 너는 나의 소중한 아들이란다. 물론 결과물이 좋으면 더 좋겠지만 나쁘더라도 달라지는 것은 없다"고 말했다.

다음번 시험에서 아들은 자신 있게 95점짜리를 가져왔다. 아들을 진심으로 믿어주고 있는 그대로 바라봐준 아버지의 진정성이 통한 결과였다. 이에 정경호 대표는 "아버지는 자식에 대한 책임과 역할을 부여

받은 양육자일 뿐이다"라고 말했다. 자식이 어떤 결과를 내든지 그 결과를 잣대로 자식을 평가하지 말라는 의미다. 부모는 평가하는 사람이 아니라 자식이 성공할 수 있도록, 행복한 삶을 살 수 있도록 도와주고 지지하는 사람이다.

『확신의 힘』을 쓴 웨인 다이어는 "사랑은 좋아하는 사람이 자신을 위해 선택한 일이라면 무엇이나, 그것이 나의 마음에 들든 안 들든 허용할 줄 아는 능력과 의지다"라고 말했다. 아이를 사랑한다면 아이의 선택과 선택에 따른 결과도 받아들일 수 있어야 한다. '아이를 사랑하기 때문에, 아이를 위해서'라는 허울 좋은 핑계로 아이를 힘들게 하는 일은 이제 그만두어야 한다. 그저 조건 없이, 대가 없이 있는 그대로 아이를 믿어주어야 한다.

실패한 인생을 살고 싶은 사람은 아무도 없다. 아이도 성공한 인생을 살고 싶은 건 어른들과 마찬가지다. 그러지 못하는 아이의 마음도 답답하다. 작은 성공 경험을 쌓아가는 것이 중요하다. 작은 성공을 경험해봐야 그 성공이 다음의 성공을 부르게 된다. 작은 성공 경험들이 모여 큰 성공을 이루는 원동력이 되는 것이다. 성공의 경험이 많을수록 자신감이 생기고, 자신감이 생기면 성공할 수 있는 능력을 갖추게 된다. 자존감 또한 높아진다.

주변에서 보면 별로 잘하지도 잘 나지도 못한 것 같은데, '근거 없는 자신감'을 보이는 사람이 있다. 그런데 이런 '근거' 없는 자신감으로 어깨를 당당히 펴고 다니는 사람이 나중에 보면 실제로 그 '근거'가 생기게 된다. 결국 자신감이 관건인 것이다.

그런데 이 자신감은 어디에서 오는 것일까? 다름 아닌 '믿음'에서 생긴다. '나는 할 수 있다'는 자신의 믿음, '너는 할 수 있다'는 주변의 믿음이 자신감의 원천이다. 아이의 가능성을 믿는 부모는 아이가 어떤 결과를 가져오더라도 믿고 기다려줄 수 있다. 아이의 실패에도 격려와 지지를 아끼지 않는다. '너는 할 수 있다'는 부모의 믿음과 확신을 얻은 아이는 넘어지더라도 다시 일어설 수 있다. 회복탄력성이 강한 아이로 자라게 된다.

정신분석학자 프로이트는 "내가 위대한 사람이 되려고 열망했던 것은 나에 대한 어머니의 믿음 때문이다"라고 말했다. 부모는 아이의 평가자가 아니라 내 아이를 있는 그대로 믿고 바라보고 격려해주는 사람임을 잊지 말자. 아이는 부모가 믿는 만큼 성장한다. 부모의 믿음대로 내 아이의 그릇 크기가 결정되는 것이다. 아이의 가능성을 믿고 지지해주는 통 큰 부모가 되자.

제 5 장

기질별 성격별 **맞춤** 육아법

느긋한 마음으로 아이를 기다려줘야 한다.

부모의 채근과 잘못된 육아방식이

아이의 성장을 늦출 수도 있음을 잊지 말자.

1

자신감이 없는 아이

교실에서 보면 특별히 공부를 잘하거나 예체능에 뛰어나거나 얼굴이 예쁜 것도 아닌데 항상 자신감에 차 있고 잘 웃는 아이가 있다. 이 아이는 무슨 일이든 무슨 문제가 생기든 언제나 당당하게 행동한다. 수업 중 주어진 활동을 잘 못하거나 친구들과 장난을 쳐서 혼이 나도 금세 훌훌 털고 다시 당당하게 웃는다. 실패에 연연하지 않고 다시 일어설 수 있는 회복탄력성이 높은 아이다. 이런 아이들은 친구들에게도 인기가 많아 항상 친구들에게 둘러싸여 있다.

반면에 어떤 아이는 집안 환경도 좋고, 부모도 아이에게 관심이 많고, 공부도 잘하고, 얼굴도 잘생겨 무엇 하나 빠지는 점이 없는데도 자신감이 부족해 발표할 때 마이크를 입 가까이 대어줘야 할 정도로 작은 소리로 말한다. 수업시간 활동을 할 때도 짝꿍이 자기의 것을 볼까 봐 손으로 항상 가리고, 선생님께 검사 받으러 나올 때도 뒤에 선 친구가 보지 못하도록 떨어지라고 말하기도 한다. 이런 모습을 보면 안타깝기만 하다.

몇 년 전, 1학년 담임을 할 때 입학식이 끝나고 학부모들이 제출한 기초조사서 서류를 정리하고 있었다. 그중 수지의 학부모님이 장문의 편지와 함께 서류를 제출하셔서 기억에 남는다. 담임에게 바라는 점을 쓰는 란에 다 쓰기가 모자라 따로 편지지에 부탁의 말을 적은 것이다. 편지는 아이가 체격이 큰 데 반해 수줍음이 많고 낯을 많이 가리고 내성적이니 특별히 신경을 써달라는 내용이었다.

다음 날, 수지가 등교해서 인사를 나누는데 엄마의 말대로 다른 아이들보다 두 살 정도는 많아 보일 정도로 덩치가 컸다. 약간 뚱뚱한 체격에 키가 큰 그 아이는 인사할 때 나와 눈도 제대로 마주치지 못했다. 수지와 같이 생활하면서 지켜보니 선생님 앞에서는 거의 말을 하지 않았고, 보건실을 갈 상황에서도 친구가 대신 말해줘야 할 정도로 내성적이었다. 그래서 나는 자신감이 부족한 수지가 자신의 외모 때문에 자신감을 잃지 않게 하기 위해 아이들 앞에서 수지의 장점을 찾아 칭찬해주는 등 많은 노력을 기울였다.

한번은 수지가 국어 교과서를 분실한 일이 있었다. 어떻게 된 상황인지 알아보려고 "국어책을 어디에 놔둔 것 같아?"라고 그저 한마디 물었을 뿐인데 혼나는 줄 알았는지 덜덜 떠는 것이었다. 예상치 못한 아이의 반응에 오히려 내가 더 놀랐다. 방과 후에 엄마와 전화 상담을 하면서 그 이유를 알게 되었다. 엄마 말씀으로는, 수지의 아빠가 너무 엄격해서 자주 혼났기 때문에 어릴 때부터 주눅이 많이 들어 있었다는 것이다. 그래서 자신이 뭔가 잘못한 상황에서는 아예 한마디도 말을 하지 못한다고 했다. 수지가 자신감이 부족하고 소심했던 건 외모에 대한 콤플렉스 때문이 아니었다. 가정에서 매사에 완벽한 잣대로 엄격하게 대하는 수지 부모의 양육태도가 문제였던 것이다.

자신감이 부족한 아이들은 크게 두 부류로 나눌 수 있다. 하나는 타고난 특성을 비관해 스스로 자신을 비하하는 경우다. 또 다른 하나는 성장 과정에서 주변의 영향에 의해 자신감이 부족해지는 경우다. 후자의 경우 부모의 양육태도가 가장 큰 원인이 될 때가 많다.

키가 작다, 못생겼다 등 타고난 특성은 바꿀 수 없는 부분이다. 이를 단점으로 여겨 스스로를 비하하는 아이에게는 '사람은 모두 다르게 태어났다. 자신의 단점에 집중하기보다는 장점을 찾아 잘 살린다면 얼마든지 훌륭한 사람이 될 수 있다'라는 식의 지지와 격려로 자신감을 살려줄 수 있다. 학교에서 아이들에게 자신의 단점을 이겨내고 장점으로 승화시킨 인물들의 이야기를 계속 들려주면서 동기부여해주면 아이들은 눈빛이 달라지고 자신감이 생기기 시작하기 때문이다.

그러나 부모의 태도 때문에 자신감이 부족해지는 경우 부모가 양육

태도를 바꾸지 않는 한 교사로서 어찌 해볼 도리가 없다. 이런 경우에는 부모와 상담을 하면서 양육태도를 바꾸길 조언하지만 오랫동안 굳어진 습관이라 잘 고쳐지지 않는다.

믿음이 담긴 긍정의 말은 최고의 영양제다

"우리 아이는 소심해요. 자신감이 없어서 큰일이에요"라고 말하는 엄마들이 있다. 그 말은 엄마 스스로 "내가 우리 아이를 그렇게 키웠어요"라고 고백하는 것이나 마찬가지다. 아이를 믿지 못하거나, 아이에게 너무 높은 기대치를 설정하거나, 완벽주의 성향의 부모가 지나치게 아이를 간섭하고 통제하는 경우 문제가 생긴다. 아이는 부모의 기대에 부응하기 위해, 부모를 기쁘게 하기 위해 매사에 부모의 눈치를 살피기 바쁘고 실패를 두려워해 새로운 일에 도전하려 하지 않기 때문이다.

아이가 자라는 동안 부모가 특히 엄마가 아이 옆에서 주로 어떤 말과 행동들을 했는지 되짚어볼 필요가 있다.

"그렇게 하면 안 돼!"

"왜 이것도 못하니?"

"그런 건 아기들이나 하는 행동이야!"

"넌 커서 뭐가 되려고 이 모양이니?"

"넌 잘하는 것이 하나도 없구나."

"너 때문에 정말 못살겠다."

나도 모르게 이런 부정적인 말들을 하며 아이를 다그치지는 않았는 가? 아이는 엄마가 하는 말을 그대로 흡수한다. 엄마의 부정적인 말들 이 아이 안에 쌓여 '나는 정말 아무것도 못하는 아이', '뭘 해도 안 되는 아이', '나는 잘하는 것이 하나도 없는 아이'라는 부정적인 자기 이미지 가 뿌리 깊이 자리 잡고 만다. 스스로 부정적인 자기 이미지에 빠져버 리면 정말 잘하는 일도 제대로 실력발휘를 하지 못하게 된다. 점점 엄 마의 말처럼 '잘하는 것이 하나도 없는 아이'가 되어가는 것이다.

아이는 어른처럼 잘하지 못하기 때문에 '아이'라는 것을 기억해야 한다. 아이이기 때문에 실수하는 것이다. 시행착오를 거쳐 점점 성숙 한 어른으로 자라게 되는 것이다. 부정적인 자기 이미지에 빠진 아이가 "난 할 수 없어요"라고 말할 때 "아직은 할 수 없다는 말이지? 계속 시도 해보면 할 수 있을 거야"라며 격려해줘야 한다. 아이가 "난 잘 못해요" 라고 말할 때 "아직은 잘 못한다는 말이지? 엄마가 조금 도와줄 테니 같이 연습해보자. 계속 연습하면 잘할 수 있을 거야"라는 말로 지지하 고 격려해주어야 한다. 항상 아이의 말에 공감하고 이해해주어야 한다. 아이가 어떤 말과 행동을 하든 수용적인 분위기에서 아이의 자신감은 자라날 수 있다.

미국 최초 흑인 대통령이면서 노벨평화상까지 수상한 버락 오바마 는 어린 시절 자신이 흑백혼혈이라는 사실만으로 친구들에게 놀림과 무시를 당하며 살아왔다. 자신이 흑인이라는 사실이 너무 싫어서 할 수만 있다면 백인이 되고 싶은 마음이 간절했다. 그렇게 자신의 부정적인 자기 이미지에 빠져 있던 오바마에게 당당한 자신감을 심어준 사람은 지혜로운 엄마였다. 자녀교육에 헌신적인 오바마의 엄마는 특히 긍정적인 사고로 '네가 간절히 바라는 것은 반드시 이루어진다', '네가 원하는 것은 무엇이든 할 수 있다'라는 꿈과 희망과 자신감을 심어주었다. 오바마가 가난과 부모의 이혼이라는 불행한 환경을 딛고 인종차별이라는 절망적인 상황에서도 희망을 잃지 않고 미국 대통령으로 세계의 리더가 될 수 있었던 것은 그의 엄마가 심어준 긍정적 사고와 자신감 덕분이었다.

한국의 자랑인 세계적 프로골프선수 최경주는 '코리안 탱크'라는 별명을 갖고 있다. "실패가 나를 키운다"라고 말할 정도로 수많은 실패를 경험했음에도 늘 자신감 하나로 버텨왔다고 한다. 그에게는 성실과 끈기, 당당한 자신감이 세계적인 선수로 이끌어준 원동력이었다.

영양제는 매일 먹어야 효과가 있다. 자신감이 부족한 아이에게는 엄마의 믿음이 담긴 긍정의 말이 최고의 영양제다. 매일매일 아이를 끌어안고 아이의 눈을 바라보며 믿음과 신뢰를 담은 마법의 주문을 걸어보자.

"넌 네가 생각하는 것보다 훨씬 더 잘할 수 있단다."

"엄마는 언제나 널 사랑한단다."

2

산만한 아이

개구리 잡느라 수업시간에 늦는 아이

1학년을 가르치다 보면 별의별 사건이 다 일어난다. 따뜻한 봄날, 한번은 점심시간이 끝나고 수업 시작종이 울렸는데도 교실에 들어오지 않은 아이가 있어서 놀이터며 운동장이며 온 학교를 찾아다녔다. 한참을 찾아 헤맨 끝에 학교 건물 뒤의 작은 언덕 아래 풀밭에서 아이를 찾았다. 아이는 점심을 다 먹고 개구리를 잡으러 갔다가 시간이 한참 지난 것도 몰랐다고 했다. 천진함이 묻어나는 대답에 십년감수한 마음을 가라앉히며 웃을 수밖에 없었다. 물론 다시는 이런 행동을 하면 안 된다고 주의를 주었다.

학교에서 보면 산만한 학생들이 많다. 특히 저학년일수록 심하다. 소아정신과 전문의 오은영은 『가르치고 싶은 엄마 놀고 싶은 아이』에서 아이들은 기본적으로 산만하며, 유아기는 산만한 것이 정상이라고 이야기한다. 이런 유아기를 거쳐 초등학교에 입학한 1학년은 당연히 산만할 수밖에 없다. 1학년을 어려운 학년이라고 맡기 싫어하는 교사들이 많은 것도 이 때문이다. 입학 초기의 1학년 교실을 보면 수업시간에 돌아다니는 일은 당연하고 칠판 앞에 서 있는 선생님의 말을 듣기보다 자기 할 말을 앞세우는 경우가 다반사다. 활동지를 작성해야 할 시간에 그림을 그리거나 색연필, 사인펜 등을 계속 떨어트려 활동을 이어나가지 못하는 아이도 있다. 콧물이 계속 나온다며 사물함과 쓰레기통을 쉴 새 없이 왔다 갔다 하는 아이도 있다. 한마디로 1학년 교실은 질서정연함이라곤 찾아볼 수 없다.

이런 일은 1학년이니까 가능하다. 한 달 두 달 시간이 지나면서 학교생활에 적응하고 친구들과 함께 생활하면서 사회성을 키우고 지켜야 할 사회 규범을 배워가면서 이런 모습은 대부분 금세 사라진다. 1학년 2학기만 되어도 교실 풍경은 눈에 띄게 달라진다. 이런 시기적 특성을 무시한 채 처음부터 학교에 왔으니 40분간 엉덩이 떼지 말고 꼼짝 않고 앉아 있으라고 주문한다면 그것은 무리한 요구가 아닐 수 없다.

산만함의 기준을 어디에 두느냐가 관건이다. 2, 3학년 학생이 1학년 학생처럼 개구리를 잡느라 수업시간에 늦는다면 단순히 산만함의 정도를 넘어선 문제로 봐야 할 것이다. 내 아이가 다른 아이에 비해 상대적으로 좀 더 산만한 것인지, 아니면 아이 자체를 놓고 봤을 때 산만한 것인지도 잘 판단해야 한다. 다른 아이에 비해 산만하다는 것은 기준이 되는 그 아이가 거의 돌출행동을 하지 않기 때문에 상대적으로 산만한 내 아이가 매우 산만하게 느껴질 수도 있다. 또한 내 아이에 대한 엄마의 기대치가 높기 때문에 더욱 그렇게 느껴질 수도 있다. 따라서 엄마는 있는 그대로의 내 아이를 보려고 노력해야 한다. 다른 아이와 비교하지 않고 내 아이만 바라본다면 그동안 산만하다고 여겨왔던 행동이 오히려 아이답게 자신의 에너지를 발산하는 행동이었다는 것을 알게 될지도 모른다.

그러나 다른 아이와 비교하지 않고 내 아이 자체만 보더라도 산만해 보인다면 아이가 그렇게 행동하는 원인을 찾아봐야 한다. 개구리를 잡기 위해 교실에 들어오지 않았던 그 남학생은 수업시간에도 무척 산만한 편이었다. 수업시간인데도 주변의 아이들에게 사소한 장난을 걸거나 집적거리는 등 수업 활동에는 전혀 관심이 없었다. 쉬는 시간에는 소리를 지르며 복도를 뛰어다니거나 운동장에서 모래를 가져와 책상 위에 쏟아 놓고 모래놀이를 하는 등 다른 아이들이 하지 않는 특이한 행동을 많이 했다.

아이의 이런 행동에 대해 엄마와 장시간 상담을 하며 비로소 원인을 알 수 있었다. 두 아들을 키우는 엄마는 억센 아들들을 '관리'하기 위해 스파르타식으로 통제했다. 아이의 하루 일과는 정확히 정해져 있었으며, 정해진 일과에서 조금이라도 어긋날 경우에는 곧바로 제제를 가했다고 한다.

"엄마가 말한 것 기억하지? 오늘 수업 끝나고 방과 후 학교 컴퓨터 수업에 가야 하는 거 알지? 컴퓨터 끝나면 바로 태권도 학원차 타야 된다, 알겠지?"

아침에 교실까지 데려다주면서도 신신당부를 한다. 그래도 못미더운지 수업이 끝날 무렵 교실 밖에서 기다리다가 아이의 가방을 받고 컴퓨터교실로 아이를 보낸다. 학원에서 집으로 돌아오면 숙제부터 그날 해야 할 공부를 하는 내내 아이의 옆에서 엄마가 꼼짝 않고 앉아 지켜본다. 재미있는 점은 엄마는 아이의 공부를 '도와준다'고 표현하고 아이는 엄마가 '감시한다'고 표현한다는 것이다.

이 아이는 다른 아이들보다 더 에너지가 넘치고 활달한 아이다. 이런 아이를 에너지를 분출할 통로도 마련해주지 않고 무조건 엄격하게 통제하며 키우면 언젠가는 폭발할 수밖에 없다. 그나마 이 아이는 엄마의 눈을 피할 수 있는 학교에서 자기 나름대로 에너지를 분출하며 적응해온 것이었다. 이 아이처럼 가정에서는 엄마의 간섭과 통제가 심해 기를 펴지 못하다가 학교에서 자신의 에너지를 마음껏 발산하는 아이들이 간혹 있다. 이 아이들은 다른 아이들에 비해 산만하다는 평가를 피해갈 수 없다. 그러니 집이 아닌 밖에서 산만하다는 얘기를 듣는 아이의 엄마라면 혹시라도 자신이 아이를 그렇게 만드는 것은 아닌지 냉철히 돌아봐야 한다.

창의성을 가진 산만함이란?

다른 아이와 비교했을 때 산만해 보이거나 엄마의 통제에서 비롯된 산만함이 아니라 선천적으로 산만한 아이들이 있다. 즉, 기질적 특성이 산만한 아이들을 말한다. 이런 아이들은 선천적으로 과잉행동을 하거나 충동적인 성향이 강하다. 요즘에는 ADHD^{주의력 결핍 과잉행동장애}라고 진단받아 약을 먹기도 한다. 그러나 아이가 산만하다고 해서 섣불리 ADHD라 단정 짓고 약을 먹이는 일은 주의해야 한다. 교실에서도 ADHD 약을 처방받아 먹는 아이를 보면 눈의 초점이 없는 상태로 멍하게 있거나 꾸벅꾸벅 조는 일이 빈번하다. 병원에서 약을 받기 이전에 아이가 지니고 있는 기질이나 특성을 파악해 그에 맞춰 지도하면 산만함이 덜해지기도 한다. 예를 들어 한 자리에 10분밖에 앉아 있지 못하는 아이에게 40분 동안 앉아 있으라고 요구한다면 아이는 그 지시를 따르기 어렵다. 이런 경우에는 아이가 최대한 의자에 앉아 있도록 하고, 도저히 참을 수 없을 때는 교실 뒤 사물함에 잠깐 다녀오도록 허용해주는 것이 좋다. 그러면 아이는 자신이 이해받고 있으며 존중받고 있다는 느낌을 받아 점점 더 긴 시간 동안 앉아 있을 수 있게 된다.

또한 이런 아이들은 외부 자극에 매우 민감한 특성이 있다. 자극에 민감하기 때문에 그만큼 창의적이다. 아이가 새로운 생각을 말하거나 그림 등에서 다르게 표현했다면 "넌 참 창의적이구나!"라고 감탄하고 격려하고 칭찬해줘야 한다. 이렇게 지지받은 아이들은 자신감을 얻어 더욱 재능을 키울 수 있게 된다. 이렇게 새로운 자극에 민감한 아이들은 오히려 다소 산만해 보이고 혼란한 상황에서 더 잘 집중한다. 이 놀라운 집중력으로 재능을 갈고 닦아 천재성을 드러낸다. 아인슈타인, 에디슨, 모차르트, 그리고 미국 대통령이었던 조지 부시와 베이징올림픽 8관왕이라는 전무후무한 기록을 달성한 마이클 펠프스가 대표적이다.

발명왕 토머스 에디슨의 일화는 유명하다. 교실에서 늘 공상에 빠져 있는 에디슨에게 선생님은 '멍청한 아이', '산만한 아이'로 낙인찍고 문제아 취급했다. 그러자 이 사실을 알고 화가 난 어머니는 에디슨의 손을 잡고 가서 학교를 그만두게 했고, 집에서 직접 가르쳤다. 우리가 잘 알다시피 이후 에디슨은 어머니의 전폭적인 믿음과 격려, 뒷바라지를 받으며 타고난 호기심을 바탕으로 끈기 있게 실험에 몰두했다. 그 결과 백열전구, 축음기, 전신기 등 수많은 혁신적인 제품을 발명하여 인류 문명의 발전에 크게 기여했다. 학교에서 낙인찍힐 정도로 심각했던 에디슨의 산만함이 오히려 놀라운 집중력과 창조성으로 발전한 대표적인 사례다.

아인슈타인의 사례 또한 에디슨의 일화 못지않게 유명하다. 요즘의 기준으로 말하자면, 어린 시절의 아인슈타인은 전형적인 ADHD 환자였다. 수업에 집중하는 일을 무척이나 어려워했을 뿐 아니라 수시로 엉뚱한 질문을 던져 수업의 흐름을 방해하는 바람에 일찍부터 문제아로 낙인찍혔다. 에디슨과 마찬가지로 아인슈타인 역시 '산만한' 아이였던 것이다. 그런 아인슈타인을 우리는 어떻게 기억하고 있는가? 그는 20

세기가, 아니 인류가 낳은 가장 탁월한 물리학자로 추앙받고 있으며 일반상대성이론과 특수상대성이론의 창안자로 명성이 자자하다.

'수영 황제' 마이클 펠프스도 아인슈타인과 마찬가지로 어린 시절 ADHD 증상을 겪었다고 한다. 펠프스의 부모는 아들의 ADHD를 극복하기 위해 수영을 배우게 했고, 그 결과 우리는 베이징올림픽 8관왕이라는 전무후무한 기록을 달성한 주인공을 만날 수 있었다.

아이가 산만해 보이는가? 그렇게 보이는 가장 큰 이유는 엄마의 기대치가 높아서다. 주위에서 아이가 산만하다는 얘기를 들어본 적이 있는가? 엄마의 지나친 통제와 간섭이 아이를 산만하게 만든다. 아이에게 활동에너지를 마음껏 분출할 수 있는 다양한 기회를 만들어주고 자유를 주어야 한다.

내 아이가 진짜로 산만한가? 그렇다면 산만함에 초점을 맞추지 말고 아이의 재능을 찾아서 무한한 천재성을 발휘하도록 도와주자. 엄마의 노력 여하에 따라 약을 먹는 아이가 될 수도 있고 산만함을 바탕으로 한 창의적인 천재가 될 수도 있다는 사실을 기억해야 한다.

3

버릇 없는 아이

문제 학생 뒤에는 문제 부모가 있다

요즘은 양육과 교육비 부담으로 과거에 비해 아이를 적게 낳는 추세다. 결혼을 하더라도 아이는 낳지 않겠다는 딩크족도 적지 않다. 학급에서도 보통 외동인 아이들이 24명 중 10여 명으로 40퍼센트가 넘는다. 12명 정도가 형제가 둘이고, 셋 이상인 경우는 극히 드물다. 심지어 최근 대형마트의 분류 기준을 보면 자녀가 둘 이상인 가정을 '다둥이' 가정으로 분류한다고 하니 우리나라의 가정당 평균 자녀 수가 얼마나 적은지 알 수 있다.

이렇게 자녀 수가 적다 보니 부모는 보통 하나이거나 많아야 둘인 아이들에게 온갖 정성을 쏟을 수밖에 없다. 물질적으로 부족함이 없게 하려는 것은 기본이고, 자신의 시간을 온전히 아이를 위해 내어줄 뿐 아니라 심리적으로도 '내 아이가 최고'라는 인식을 심어주려 애를 쓴다. 이렇게 자라는 아이들은 결국 자기만 알고 다른 사람을 배려할 줄 모르는 이기적인 사람이 되고 만다.

학교도 작은 사회다. 학교생활을 통해 사회에서 지켜야 할 규범과 질서를 배우는데, 이런 아이들은 친구들과의 원만한 관계 형성에 어려움을 겪을 수밖에 없다. 선생님을 봐도 인사할 줄 모르고, 친구들에게 양보할 줄 모르고, 자신이 조금이라도 손해 보는 것처럼 느껴지면 난리가 난다.

물론 교사들도 아이들에게 바른 생활습관을 길러주기 위해 최선을 다해 교육을 하지만 솔직히 말해 학교교육만으로는 충분하지 않다. 이미 각자의 가정에서 7년 동안 인성교육을 받고 생활습관이 고착된 상태로 초등학교에 입학하기 때문이다. 실제로 "아이의 기본 인성이나 생활습관이 일곱 살 이전에 형성된다"라는 연구결과가 많이 나와 있다. 기본 인성은 초등학교에 입학하기 전 가정에서 형성된다는 의미다.

일반적인 아이들의 경우 학교에서 생활하는 시간이 하루 활동시간의 대략 3분의 1에 해당한다. 즉, 나머지 3분의 2의 활동이 학교 밖에서 이루어지는 셈인데, 그중 상당 시간이 가정에서 채워진다. 이렇듯 가정에서 생활하는 시간이 학교에서 생활하는 시간보다 훨씬 많기 때문에 올바른 가정교육이 병행되지 않고는 제대로 된 교육을 하기가 매

우 어렵다. 특히나 인성교육은 부모에게 깊은 영향을 받을 수밖에 없
다. 아이는 어릴 때부터 눈으로 본 대로 배우고, 그대로 생각하고 행동
하기 마련이다. 아이는 자기 몸에 닿는 대로 물을 빨아들이는 스펀지와
같은 존재이기 때문이다.

몇 년 전 내가 담임했던 아이들 중에 성적이 매우 우수한 아이가 있
었다. 외동딸이었던 그 아이는 학급뿐만 아니라 학년 전체에서도 1등
을 놓치는 일이 드물었다. 더구나 거의 모든 시험에서 올백을 맞고 따
로 영재기관에 들어갈 준비를 착실히 하고 있었다. 그러나 교과 전담
선생님들이나 교내 영재학급 담당선생님들은 그 아이 얘기만 나오면
하나같이 고개를 절레절레 흔들었다. 선생님들께 너무 버릇없이 행동
했기 때문이다. 예를 들어 어쩌다 선생님이 다른 학급에 다녀오라고 심
부름을 시키면 "저 쉬는 시간에 문제집 풀어야 돼서 안 되는데요"라고
쌀쌀맞게 대꾸하는 식이었다. 그리고 어쩌다 짝꿍에게 모르는 문제 좀
가르쳐주라고 하면 "제가 왜 그래야 되는데요?"라고 되묻곤 했다. 물론
그럴 때마다 잘못된 행동을 지적하고 고치도록 교육하지만 이미 5학년
인 그 아이는 자기중심적인 사고와 행동이 습관화되어 쉽게 고쳐지지
않았다.

문제 학생 뒤에는 문제 부모가 있기 마련이다. 성적 면에서 우수한
결과가 나오자 부모가 오직 학업에만 신경 쓰고 인성교육을 등한시한
결과였다. 학부모상담을 와서도 아이의 학업과 상급학교 진로 문제에
만 관심을 보일 뿐 다른 일에는 관심조차 없었다. 담임이 교육 차원에

서 아이의 인성과 생활습관의 문제점을 조심스럽게 말씀드리면 "차차 나아지겠죠"라며 시큰둥한 반응으로 일관했다. 심지어 아이의 성적보다 인성이 더 중요하다는 교사의 말에 그 엄마는 참으로 기가 막힌 대답을 하기도 했다.

"선생님은 학교에만 계셔서 모르시겠지만 영재기관이랑 외고나 자사고 준비하는 엄마들 만나서 얘기 나눠보면 다른 애들도 다 그래요. 우리 애만 모난 게 아니에요. 아이들이 공부할 게 얼마나 많은데, 일일이 다른 애들 배려해가며 공부할 수 있나요? 선생님이 그런 건 이해를 좀 해주셔야죠. 우리 아이 같은 아이들이 나중에 이 나라의 리더가 될 텐데요!"

부모가 이렇게 나오면 더 이상 할 말이 없다. 자신의 잘못된 교육철학이 아이를 망치고 있다는 것을 깨닫지 못하는 것이다. 솔직히 나는 그렇게 예의 없고 이기적인 아이가 이 나라를 이끄는 리더가 될까 봐 진심으로 걱정되었다.

성적만 우수하다고 리더가 되는 것이 아니다. 사회적 약자를 진정으로 포용할 줄 알고, 그들의 아픔을 따뜻하게 감쌀 줄 알며, 모든 구성원이 서로 화합할 수 있도록 지혜롭게 이끄는 것이 리더의 진정한 역할이다. 학급 내 20여 명의 아이들과도 제대로 어울리지 못하고 화합하지 못하는 아이가 어떻게 더 많은 사람들을 이끄는 제대로 된 리더가 될 수 있겠는가!

다른 사람과 더불어 살아가기 위해 가장 중요한 것이 바로 사람 됨됨이, 즉 인성이다. 사람 사이에서 일어나는 많은 문제도 인성 때문에 일어난다. 그리고 모든 인성교육은 가정에서부터 이루어진다. 부모부터 바른 인성을 갖추고 아이에게 모범을 보여야 자녀 역시 바른 인성을 갖춘 사람으로 성장할 수 있다. 아이의 창의성을 키워준답시고 버릇없는 행동까지 묵인하거나 방조하는 잘못된 교육을 해서는 안 된다.

부모가 기준을 명확히 세워두어야 한다. 어른을 만났을 때는 예의바르게 인사하도록 어려서부터 가르쳐야 한다. 인사를 잘 못하는 아이에게 억지로 인사하게 하면 자칫 기죽을까 걱정되어 예절교육을 못시키는 엄마를 본 적이 있다. 이는 지나친 걱정이다. 아이에게 꼭 필요한 예절교육을 시킨다고 기가 죽는다는 것이 말이 되는가? 그런다고 창의성이 적어지고 자존감이 떨어진다는 생각이 과연 합당한가? 착각하면 안 된다.

놀이터에서 놀던 아이가 다른 아이의 머리에 일부러 모래를 뿌리는 걸 보고 자존감 다치지 않게 타이른답시고 "왜 모래를 뿌렸어? 모래놀이를 하고 싶었어?" 하며 부드럽게 타이르는 엄마를 본 적이 있다. 이게 과연 바른 인성교육일까? 아니다. 아이가 해선 안 되는 행동을 할 때는 엄마가 나서서 단호하게 꾸짖고 명확히 선을 그어줘야 한다. 엄마의 단호한 교육으로 남에게 피해가 되는 행동은 절대 하지 말아야 함을 어렸을 때부터 배우게 되는 것이다. 창의성이나 자존감은 다른 사람을 존중하는 범위 안에서 길러주는 것이지, 다른 사람을 배척하고 피해를 주면서까지 창의성이 우선되어서는 안 된다. 우리는 무인도에서 홀로 사는 것이 아니기 때문이다.

아이의 인성을 바로잡는 가장 좋은 방법은 '밥상머리교육'이다. 요즘 학교에서 가정통신문을 보내며 행사까지 하면서 강조하는 것도 밥상머리교육이다. 인성교육은 가정과 병행교육을 해야 큰 효과가 있기 때문이다. 인성교육이 잘 되어야 학교폭력도 줄어든다.

밥상머리교육이란 가족이 함께 둘러앉아 식사를 하면서 자연스럽게 인성교육도 병행하는 것이다. 아이는 배가 고프다고 먼저 먹지 않고 기다리는 법을 배우고, 먹고 싶은 반찬이 있을 때 혼자만 먹지 않고 양보하고 배려하는 법을 배우며, 밥 먹을 때 돌아다니면 안 된다는 기본예절을 배운다. 상을 차릴 때도 수저를 놓거나 반찬을 갖다 놓고, 다 먹은 뒤에는 자기 수저와 밥그릇을 치우는 등 좋은 습관을 들인다. 저녁 식사시간에는 각자의 하루 일과에 대해 이야기 나누고 자연스럽게 부모의 가르침을 들으면서 다른 사람의 말에 경청하는 법도 배우고 바른 인성이 형성되어간다.

미국 역사상 최연소로 대통령에 당선된 존 F. 케네디는 "대통령이 되기 위한 준비단계란 없다. 다만 내가 누군가에게 유익한 것을 배운 게 있다면 대부분 어린 시절 어머니가 가르쳐주신 것이다"라고 말했다. 케네디 대통령의 어머니 로즈 여사는 밥상머리교육을 적극 활용한 것으로 유명하다. 케네디 가의 식사 시간은 자녀들이 평생을 살아가는 데 필요한 인성을 기르는 소중한 자리였다.

부모는 아이의 거울이라고 한다. 자녀교육은 결국 부모에게서 시작하고 부모에게서 끝난다. 아이가 버릇없이 행동할 때는 단호하고 엄격하게 예절을 가르쳐야 한다. 아이가 보는 앞에서 예의바르게 말하고 행동해야 한다. 인사성이 없는 부모 밑에서 인사성 바른 아이가 나올 수 없다. 따라서 가정에서 지속적인 밥상머리교육을 통해 바른 인성을 갖출 수 있도록 부모가 노력해야 한다. 인성은 한순간에 만들어지지 않는다. 부모의 꾸준한 노력이 뒷받침되어야만 자녀를 바르게 키울 수 있다.

4

◇◇◇◇◇

자기주장이
강한 아이

자녀에게 존경받는 부모의 의견이 설득력을 갖는다

하루는 큰아이가 자전거를 타다가 넘어져 무릎이 까져서 들어왔다. 아이에게 거실 서랍장 안의 약상자를 가져오게 해 소독한 뒤 재생밴드를 붙여주었다. 다음 날 새 재생밴드를 붙이려고 아이에게 약상자를 가져오라고 했더니 "싫어. 왜 만날 나만 가져와야 해? 재혁이 좀 시켜" 하며 불평하는 것이었다. 엄마가 자기에게만 심부름을 시키는 것 같아 억울한 생각이 들었던 모양이다. 아직 어린 탓에 왜 동생이 아닌 자기가 그 심부름을 해야 하는지 이해하지 못한 까닭이다.

"준혁아, 약상자는 네 상처를 치료하려고 가져오라는 거잖아. 네가 걷지 못할 정도로 아프면 엄마나 재혁이가 가져오겠지만 그 정도는 아니지 않니? 이럴 때 누가 약상자를 가져와야 할까?"

큰아이는 내 말을 듣고 고개를 끄덕이더니 "제가요" 하고 대답하고는 바로 달려가 약상자를 가져왔다.

아이가 자기주장을 한다는 것은 자신의 의견이 생기기 시작했다는 의미다. 그만큼 생각이 자라고 정신적으로 성장했다는 뜻이기에 축하할 일이다. 이 시기에 부모의 대응은 매우 중요하다. 만약 부모가 아이의 의견을 묵살하고 아무런 설명도 없이 윽박지르기만 한다면 아이는 더 이상 자신의 의견을 말하지 않으려 하기 쉽다. 아이의 질문을 말대꾸라고 생각하여 "엄마가 가져오라면 가져와야지 왜 따지는 거야! 그러는 거 아냐. 가서 얼른 가져와!"라며 호통치는 방식으로 대응해서는 곤란하다. 아이에게 차근차근 설명해주는 일을 귀찮아해서는 안 된다.

자기만의 생각과 의견이 생기기 시작하는 여섯 살 무렵이 되면 합리적인 설명으로 얼마든지 부모의 의견을 받아들이도록 유도할 수 있다. 이런 과정을 무시한 채 부모의 말은 무조건 듣고 따라야 한다며 권위적인 태도로 일관하면 아이는 자기 생각을 가질 기회를 잃게 되고 자존감도 약해진다. 무조건 자녀를 엄하게 키운다고 부모의 권위가 세워지는 것이 아니다. 먼저 안정적인 가정환경을 만들고 관심과 사랑으로 자녀를 대함으로써 신뢰가 형성되어야만 자연스럽게 부모의 권위도 선다.

평소 자녀에게 존경받는 부모의 의견이 설득력을 갖는다. 자녀에게는 방에 들어가 공부하라고 다그치면서 부모는 거실에서 텔레비전 개

그 프로를 시청하며 박장대소하거나 툭하면 술에 취해 주정하는 등 추한 모습을 보인다면 어떻게 되겠는가? 자녀가 부모의 말에 수긍하고 따르겠는가? 당장은 말을 듣지 않으면 혼이 나기 때문에 부모의 말을 듣는 것처럼 행동할 수 있지만 시나브로 불만이 쌓일 수밖에 없다. 또한 집에서는 문제가 없어 보이지만 아무도 모르게 쌓인 그 불만이 학교에서 터지는 경우도 많다. 친구와 잦은 다툼이 생기고 수업시간에 집중하지 못하고 산만한 행동을 하는 등 문제가 불거지고 만다.

어릴 때는 문제가 없어도 초등학교 고학년이 되면 그동안 쌓인 불만이 터져 부모에게 반항하기 시작한다. 그제야 사춘기 탓을 하며 아이가 변했다고 하지만 갑자기 변한 것이 아니다. 어느 순간 부모에게 대화의 문을 닫는 일이 없도록 평소 아이의 의견을 존중해주어야 하며 자신의 의견을 차분히 들려주어야 한다. 부모가 자신과 똑같은 독립된 인격체로 대할 때 진정으로 자녀의 신뢰를 얻을 수 있다.

기다림이 필요할 때가 있다는 것을 가르쳐라

충분히 알아듣게 설명했음에도 아이가 고집을 부리며 제멋대로 행동하는 경우도 있다. 예를 들어 막무가내로 장난감을 사달라고 떼를 쓰거나 울어서 부모를 난처하게 만드는 경우다. 놀이터나 박물관 같은 공공장소에서 엄마의 만류에도 불구하고 재미있는 체험기구를 독차지하겠다고 고집을 부릴 때도 있다. 이런 경우 아이의 의견은 정당하지 않다. 합당한 자기주장을 펴는 것이 아니라 억지를 부리는 것이다. 어린 시절 울고불고 떼를 쓰며 뭔가를 요구하면 부모가 따끔하게 나무라거나 그래선 안 된다고 알아듣게 설명하는 것이 아니라 그 상황을 우선 모면하기 위해 마지못해 들어주고 타협하는 방식으로 교육시켰기 때문이다. 그래서 아이는 떼를 쓰거나 고집을 부리며 버티면 원하는 것을 얻을 수 있다는 식으로 나쁜 습관이 들어버린 것이다.

더 심한 경우는 아이가 요구하지도 않았는데 엄마가 아이의 필요를 먼저 알고 즉각 조치를 취해주는 경우다. 헬리콥터맘보다 더 심한 이런 엄마들을 미국에서는 '잔디깎이 맘'이라고 부른다. 아이 앞에 놓인 장애물을 엄마가 미리미리 치워주는 것이다. 이렇게 길러진 아이는 기다릴 줄 모른다. 살다 보면 기다림이 필요할 때가 있다는 것을 배워본 일이 없기 때문이다. 부모의 아낌없는 지원으로 늘 원하는 것을 바로 바로 얻는 데 익숙해져 있기에 그렇지 못한 상황을 만나면 참지 못한다.

지금이라도 늦지 않았다. 아이의 잘못된 표현방식을 바꿔줘야 한다. 아무리 울고불고 떼를 써도 안 되는 일이 있다는 것을 알게 해야 한다. 아이와 눈을 맞추고 낮은 목소리로 단호하게 말해야 한다.

"이곳은 다 같이 사용하는 공간이니까 너 혼자만 갖고 놀 수는 없어. 더 놀고 싶다면 너도 저 뒤에 가서 다시 줄을 서야 해. 만약에 또 고집을 부린다면 우린 더 이상 놀지 못하고 집에 가야 해."

이렇게 말했는데도 아이가 억지를 부린다면 "네가 엄마 말을 듣지 않고 계속 고집을 부리니 우린 이곳에서 더 이상 놀 수 없어. 다 같이 재미있게 놀려고 왔는데 그러지 못해서 엄마도 속상하구나! 지금 당장 집에 가자"라고 말하고 문밖을 나서야 한다. 입장료가 아깝고 본전 생각이 나더라도 아이의 습관을 바로잡기 위해 마음을 굳게 먹어야 한다. 아이가 "안 그럴게" 하며 엄마의 바짓단을 붙잡고 늘어져도 마음을 약하게 먹어선 안 된다. 이렇게 단호한 엄마의 모습을 제대로 한번 겪으면 그다음부터 아이의 태도는 달라진다. 엄마의 심지가 강해야 막무가내로 떼쓰는 아이의 버릇을 고칠 수 있다.

틀린 것을 인정할 줄 아는 아이로 키워라

학교에서 아이들의 모습을 보면 무조건 지기 싫어해서 우기는 학생도 있다. 모둠활동에서 자신의 의견이 받아들여지지 않는다고 화를 내고 아예 참여하지 않는 경우도 있다. 학생 본인도 친구들의 설명을 듣다 보면 본인이 틀렸다는 걸 알게 되었는데도 끝까지 지지 않으려고 우긴다. 주변 아이들이 틀렸다고 지적하면 틀린 내용 때문이 아니라 자신이 틀렸다는 사실 때문에 화를 낸다. 씩씩대며 분을 삭이지 못하기도 한다.

언뜻 보면 자존심이 무척 강하기 때문에 틀린 것을 인정하지 못하는 것처럼 보인다. 하지만 이는 진정한 자존심이 아니다. 건강한 자존심은 자신이 틀렸다는 사실을 알았을 때 바로 수용하고 인정할 줄 아는 것이다. 자신을 사랑하고 존중하기 때문에 오히려 틀릴 수도 있다는 사실을 받아들이고 고치려 하는 것이다. 자신이 틀렸어도 스스로에 대한 사랑은 변함이 없으며 상처받을 일도 없다. 이것이 진정한 자존심이고 자존감이 높은 아이의 모습이다.

자신이 틀렸음을 인정하지 않는 아이의 경우 찬찬히 원인을 따져보면 대부분 부모의 영향에서 비롯되었음을 알게 된다. 가정에서 부모가 아이의 잘못에 대해 너그럽지 못하고 완벽함을 추구하다 보니 이러한 강박적인 성격이 형성된다. 예를 들어 부모에게 자세히 상황을 설명할 겨를도 없이 일방적으로 혼이 난다거나 하는 식이다. 이런 부모들은 과정보다 결과를 중시하는 양육철학을 갖고 있다. 그렇듯 가정에서 자신의 의견이 언제나 무시당하다 보니 스스로가 가치 없게 여겨지고, 가정에서 받지 못한 인정을 학교에서 받고자 하는 쪽으로 나아가게 된다.

사람에게 중요한 인정욕구를 충족하지 못할 경우 아이는 학교에서 문제행동을 일으키고 친구들과 어울리지 못하게 된다. 그러므로 부모가 아이에게 늘 완벽한 결과를 요구하는 우를 범하지 말아야 한다. 그리고 부모 자신도 뭔가 잘못을 했을 때는 아이에게 "미안해!" 하며 진심으로 사과할 줄 아는 태도를 길러야 한다. 그럼으로써 어른도 얼마든지 실수할 수 있다는 사실을 깨닫고 다른 사람만이 아니라 자기 자신에게도 관대해지는 법을 배우게 된다. 부모의 언행을 보며 잘못을 인정하는 것이 자존심에 상처를 입는 것이 아니라 오히려 진정한 자존감을 형성하는 길이라는 사실을 터득하게 된다.

아이가 자기주장이 강할 때는 어떤 상황인지 잘 판단해야 한다. 무턱대고 억지를 부리며 떼를 쓰는 것은 아닌지 유심히 살펴보아야 한다. 또 지기 싫어서 막무가내로 하는 행동은 아닌지 따져보아야 한다. 아이가 귀하다고 무조건 아이의 말에 끌려가는 부모가 되어서도 안 되지만 무작정 부모 말을 들어야 한다고 강압적으로 요구하는 부모가 되어서도 안 된다. 이 두 가지 대응은 모두 아이에게 나쁜 습관을 길러주는 일이며 잘못된 길로 이끄는 교육 방법이다.

5

◇◇◇◇◇

공부에 흥미가 없는
아이

우리나라 사람들이 공부에 목숨 거는 이유

"1등 하는 아이는 선생님이나 공무원이 되고, 꼴등하는 아이는 사업가가 된다"라는 우스갯소리가 있다. "죽어라 공부해서 명문대 나왔더니 또 죽어라 취업준비해서 대기업에 들어가야 하고, 또 죽어라 일했더니 '사오정', '오륙도' 소리를 듣는다"라는 말도 있다. 이런 현실 속에서도 사오정, 오륙도의 당사자인 부모들이 여전히 자신의 아이가 오로지 공부만 잘하기를 바란다는 것은 얼마나 모순된 일인가! 도대체 왜 이런 현상이 일어날까? 직장을 구하기 어려운 시대에 공부라도 잘하면 평범하게 살더라도 먹고살 걱정은 최소한 하지 않아도 된다는 안일한 생각 때문이다.

역사적으로 우리나라는 글공부를 해서 과거에 급제해야만 기울어진 집안을 일으킬 수 있는 사회 구조를 가진 나라였다. 따라서 자식들이 줄줄이 굶고 있고 아내 혼자 논농사 밭농사 지어 근근이 끼니를 이어나가는 상황에서도 몰락한 가문의 가장은 아무것도 신경 쓰지 않고 글공부에만 몰두했다.

이는 근대사회에 들어서도 본질적으로 달라지지 않았다. 든든한 배경이 없는 가난한 집에서 태어난 사람에게는 그나마 공부가 성공할 수 있는 가장 쉽고 빠른 방법이었다. 그래서 단칸방에서 10여 명의 식구들이 불편하게 새우잠 자면서도 주경야독하여 결국 사시에 합격하고 의대에 합격하는 등 성공의 길에 들어설 수 있었다. "고생 끝에 낙이 온다", "개천에서 용 난다"라는 옛말을 금과옥조로 삼고 온 가족이 장밋빛 미래를 꿈꾸곤 했다.

그러나 21세기는 지식정보화사회이며 통합이 강조되는 사회다. 아이폰으로 유명한 애플의 창립자 스티브 잡스도 과학기술과 인문학을 결합한 창의·융합형 인재로 널리 알려져 있다. 마이크로소프트의 빌 게이츠 역시 대표적인 창의·융합형 인재다. 즉, 21세기는 창의·융합형 인재를 원한다. 이 말은 지금까지 해온 우리나라 교육으로는 세계적 리더를 배출하기 어렵다는 뜻이기도 하다.

나 역시 아이를 키우는 부모이고 공교육에 몸담고 있는 사람이지만 우리나라 부모의 교육관과 교육방식으로는 '양은냄비교육'밖에 할 수 없다는 사실을 절감하곤 한다. 양은냄비는 열전도율이 높기 때문에 금방 끓지만 그 열기가 오래가지 않는다는 단점이 있다. 즉, 좁은 시각에서의 공부 목적만 달성할 수 있다는 뜻이다. 우리나라 부모들이 힘들어도 자식교육에 목을 매는 일차적인 목표가 명문대 합격이다. 명문대에만 합격하면 그다음은 자식의 인생 앞에 탄탄대로가 펼쳐지고 '불행 끝, 행복 시작'이 될 거라 기대한다.

그런데 부모인 우리들도 알고 있지 않은가! 현실은 전혀 그렇지 못하다는 것을. 고백하건대, 나도 자식을 키우는 부모인지라 내 자식이 공부를 잘하면 좋겠고 다른 아이들보다 우수하면 좋겠다는 생각을 한 적이 많았다. 그래서 한때 '내 아이가 영재라면 얼마나 좋을까?'라는 바람으로 네 살 밖에 안 된 아이를 힘들게 하기도 했다. 그러나 2년여의 시행착오를 거치며 자식의 재능은 부모의 재능과는 다를 수 있고 공부에만 길이 있는 것이 아님을 깨달았다.

우리나라의 많은 부모들이 아직도 공부를 노력으로 할 수 있는 일이라고 생각한다. 그러나 이것은 착각이다. 특별한 재능이 없는 아이가 할 수 있는 일이 공부라는 생각을 이제는 버려야 한다. 그렇다면 공부마저도 못하는 내 아이는 재능이 하나도 없다는 말인가? 아니다. 세상 모든 아이는 반드시 저마다 한 가지 이상의 재능을 갖고 태어난다. 그 재능을 찾아주는 일이 우리 부모들에게 주어진 숙제이자 의무다.

웅덩이에 고인 물과 샘물의 차이

'어떻게 하면 공부에 흥미가 없는 아이를 공부를 좋아하는 아이로 바꿀 수 있을까?' 이 질문에 대한 거시적인 해결방법은 무엇일까? 우선, 부모가 가진 고정관념부터 바꿔야 한다. 결론부터 말하자면, 공부를 잘하기 위해서는 공부를 잘하고 싶은 동기가 반드시 필요하다. 그런데 그 동기는 다른 누군가가 대신 주입해줄 수 있는 것이 아니다. 아이 스스로 자신의 내면에 공부를 잘하고 싶어 하는 강한 내재적 동기를 지니고 있어야 한다.

이것을 '웅덩이에 고인 물'과 '샘물'에 비유해보면 명쾌해진다. 샘은 외부에서 흘러들어온 물로 채워지지 않는다. 모든 샘은 그 안에 '원천'을 갖고 있다. 그것이 바로 가뭄이 들면 금세 말라버리는 물웅덩이와 가뭄에도 마르지 않는 샘의 근본적인 차이기도 하다. 말하자면, 물웅덩이나 연못은 하늘에서 내리는 비나 다른 곳에서 흘러들어온 물로 채워진다. 그러므로 오랫동안 비가 내리지 않거나 외부로부터의 물 공급이 차단되면 금세 말라버린다. 그러나 샘은 외부의 물에 의존하지 않는다. 아무리 작고 보잘 것 없어 보이는 샘일지라도 자기 안에 있는 원천에서 물을 생성해낸다. 그리고 그 샘물이 밖으로 흘러넘쳐 시내를 이루고, 강물을 형성하고, 마침내 바다로 흘러간다. 따라서 조금 거창하게 말하자면, 샘이 바다를 만든다고도 할 수 있다.

이 원리와 의미를 배움의 과정에 있는 아이에게 적용해볼 수 있지 않을까? 샘이 자기 안에 있는 원천에서 물을 생성해내고 그 물로 자신을 채우듯 아이들 역시 그러하다. 아이는 물웅덩이나 연못이 아닌 샘과 비슷하다. 외부에서 주어지는 자극에 의해 공부의 재미를 발견하고 배움을 향한 열정을 키우기보다는 마치 샘처럼 자기 안에서 솟아나는 호기심과 의욕으로 배움을 시작하고 완성해간다. 그러므로 당신의 자녀가 진정한 공부의 재미를 발견하고 꾸준한 학력 향상을 이루길 원한다면 아이 안의 샘, 즉 꿈과 호기심을 길러주는 일에 좀 더 많은 관심을 기울이라고 권해주고 싶다.

그렇다. 그 내재적 동기, 즉 샘물은 바로 꿈과 호기심이다. 아이에게 스스로 하고 싶은 일이 생기면 공부하는 습관은 자연스럽게 형성된다. 비로소 샘에서 물이 솟아나오기 시작하는 것이다. 이쯤 되면 부모가 하지 말라고 말려도 아이는 알아서 자기 공부를 한다.

유감스럽게도 우리나라의 부모들은 대부분 자녀가 꿈을 갖는 일을 중요하게 생각하지 않는다. 혹은 꿈을 잘못 해석하고 있기도 하다. 아이에게 "넌 커서 뭐가 되고 싶니?", "네 꿈은 뭐니?" 하고 물었을 때 "의사요"라고 답하면 부모는 반색을 하며 좋아하지만 "미용사요"라고 답하면 "에이, 그게 무슨 꿈이야!" 하고 무시해버리거나 언짢아한다. 그러면 아이는 부모를 기쁘게 하기 위해 부모가 좋아하는 방향으로 알아서 자신의 꿈을 바꾼다. 그렇게 바뀐 꿈을 위해, 단 한 번도 가슴을 뛰게 한 적이 없는 가짜 꿈을 위해 아무리 열심히 공부한들 무슨 재미가 있을 것이며 의미와 가치를 발견할 수 있겠는가!

우리 반 아이들에게도 학기 초에 "너는 커서 어떤 사람이 되고 싶니?"라고 물었더니 한 여학생이 "법조인이요"라고 대답해서 깜짝 놀랐다. 초등학교 1학년 학생의 경우 대부분 판사, 검사, 변호사라고 말하지 법조인이라는 용어를 사용하지는 않기 때문이다. 틀림없이 부모의 영향을 받은 것이라 판단되어 물어보니 역시나 아빠에게 들었다고 했다.

적어도 초등 저학년은 주변의 영향을 받지 않고 자신이 하고 싶은 일을 맘껏 말할 수 있는 때다. 대부분의 아이들은 사육사, 미용사, 잠수부 등 보통 어른들의 생각과는 다르게, 자기 눈에 멋있어 보이는 일을 하고 싶어 한다. 그런데 법조인이라니, 안타까운 현실이 아닐 수 없다.

부모가 원하는 대로 학교공부를 열심히 해서 좋은 성적을 유지하고 명문대에 합격하면 그것만으로 아이의 인생이 성공과 행복의 길로 나아가는 것일까? 텔레비전과 신문 등 대중매체에 간혹 소개되는 '전교 1등 학생의 성적 비관 자살' 소식을 들으면 그 답은 명백하다. 그런데도 아직도 정신을 못 차리고 소중한 아이를 그렇듯 불행의 길로 내몰아야 하겠는가?

'스칸디 교육법'으로 유명한 북유럽에서는 아이가 일곱 살이 되기 전에는 글도 배우지 않고 부모와 함께 흙을 만지고 놀거나 동물들과 자유로이 뛰놀며 보내는 시간이 많다. 경쟁이 심하지 않아서 아이들이 받는 스트레스도 적다. 시험도 거의 없고 사교육도 없다. 그런데도 아이들은 정서지능이 발달했을 뿐 아니라 학업성취도와 행복지수가 매우 높은 편이다.

이것이 바로 21세기가 원하는 인재상이다. 왜 그럴까? 어릴 때부터 계발된 잠재능력과 그 능력으로 찾은 꿈 덕분이다. 꿈을 실현하기 위해 학교에서 공부를 하더라도 단순 지식 암기식의 피상적 공부가 아닌 스스로 찾아서 하는 깊이 있는 공부, 호기심을 해결하기 위한 토론식 공부를 한다.

이들은 공부의 개념을 광범위하게 본다. 학교에서 하는 공부만을 공부로 여기지 않는다. 인생을 살면서 꾸준히 배워야 할 평생교육의 개념으로 공부를 받아들인다. 따라서 공부를 학창시절에만 하고 끝내는 것으로 생각하지 않고 우리나라의 학생들처럼 지긋지긋한 것으로 여기지도 않는다.

꿈이 있는 아이들은 자신의 꿈을 실현하기 위해 스스로 공부에 집중한다. 그것이 바로 공부 저력이다. 아이가 어떤 꿈을 갖고 있든, 설령 하찮아 보이는 꿈일지라도 부모는 아이의 꿈을 인정하고 존중해주어야 한다. 부모에게 자신이 하고 싶은 꿈을 인정받은 아이는 자신감을 갖고 학교공부도 열심히 할 수 있다.

6

정리정돈을 못하는
아이

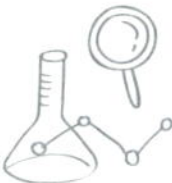

정리정돈을 못하는 아이가 학습력도 떨어지는 이유

수업을 시작하려는데, 한 아이가 나와서 "선생님, 책이 없어요"라고 말한다. "어제는 책 있었잖아?" 하고 물으니 "어제는 있었는데 지금은 없어요"라고 대답한다. "집에 가져갔니?" 하며 재차 확인하자 가져가지 않았다고 한다. 이런 경우에는 십중팔구 아이의 사물함이나 책상 속에 있는데 못 찾는 경우다.

아니나 다를까 아이의 책상으로 가서 안을 들여다보니 더 이상 쑤셔 넣을 공간이 없을 정도로 물건들이 가득 차 있다. 교과서들도 제목이 보이지 않아 무슨 책인지 도저히 알 수가 없다. 맨 위에 있는 책을 한 권 빼니 책상 속에 있는 물건들이 우르르 쏟아져 나온다. 그 안에는 물론 애타게 찾던 교과서도 들어 있다. 같은 공책도 여러 권 나오고, 잃어버렸다고 찾아다니던 풀이며 사인펜도 나오고, 꾸깃꾸깃해진 학습지도 여러 장 나온다.

이런 상황은 교실에서 비일비재하다. 그런데 문제는 이렇게 정리정돈이 안 되는 아이가 학습할 때도 집중을 잘 못한다는 사실이다. 책상 속만이 아니라 책상 위에도 교과시간에 필요한 교과서와 공책 이외의 다른 물건들이 잔뜩 쌓여 있기 마련이다. 지난 시간에 배운 교과서, 도서관에서 빌려온 학습만화책, 종합장, 색종이 등. 그렇지 않아도 학교 책상은 교과서와 공책을 놓고 나면 남는 공간이 없는데도 책상 위에 계속 쌓아 놓고는 정리할 줄을 모른다. 더구나 눈앞에 관련 없는 것들이 보이니 수업시간에 칠판 앞의 선생님보다 책상 위의 다른 물건들에 쉽게 눈길이 간다. 그러다 보니 자기도 모르게 손장난을 하게 되고 자꾸 딴생각을 하느라 수업에 집중하지 못하게 된다. 이런 일이 반복되면 단계별로 학습내용을 익히지 못해 결국 학습 결손이 걷잡을 수 없이 누적되고 만다.

집에서도 마찬가지다. 얼마 전 텔레비전에서 청소기 광고를 보았다. 매번 화를 내며 청소하는 엄마를 바라보는 아이가 "엄마는 청소할 때마다 화를 내신다"라며 혼잣말을 한다. 물론 좋은 청소기로 바꾸면 엄마가 청소할 때 더 이상 화를 내지 않는다는 상업성 광고였지만 이 광고에 공감하는 바가 적지 않았다.

아이를 키우는 집에서는 청소하고 정리한 지 얼마 지나지 않았는데도, 거실과 방에 아이들의 온갖 장난감들이 모두 나와 있는 일이 자주 일어난다. 그 장면을 보고 있으면 한숨이 저절로 나오고, 급기야 아이들에게 "빨리 치우지 못해!" 하고 소리를 지르게 된다. 엄마는 참다 참다 결국 폭발하고 만다. 아이는 갑자기 화를 내는 엄마의 눈치를 보며 장난감을 하나둘 치우고, 엄마는 그 옆에서 화를 내며 잔소리를 하게 된다. "엄마가 정리하면서 놀라고 했지? 안 갖고 노는 것은 제자리에 갖다 놓고! 이런 식으로 자꾸 그러면 몽땅 갖다 버린다!" 하며 반 협박도 하게 된다. 아이가 치우는 속도가 느리고 청소 상태가 마음에 들지 않으니 엄마는 옆에서 잔소리를 하거나 화를 내면서 같이 치우게 된다. 사실 아이를 키우는 집이라면 누구나 한번쯤은 이런 상황을 겪어봤을 것이다.

그런데 여기에서 부모가 한 가지 간과하는 점이 있다. 청소하고 정리하면서 화를 내고 잔소리하는 부모의 모습을 보며 아이들은 '아, 평소에 정리를 잘 해야겠구나'라고 생각하지 않는다는 것이다. 오히려 '엄마가 청소할 때마다 화를 내는 걸 보니 청소를 하면 기분이 안 좋아지나보다'라고 생각하게 되기 쉽다. 그래서 청소와 정리는 하기 싫은 것, 즉 부정적인 이미지로 아이들에게 인식된다. 잘못된 '강화'가 지속되는 것이다.

아이들이 청소와 정리가 얼마든지 기쁘고 즐거운 일이 될 수 있다는 것을 경험하게 해줘야 한다. 어릴 때부터 엄마와 아이가 함께 청소를 하면서 즐겁게 노래를 부른다든지 '누가 먼저 제자리에 놓나' 하는 놀이의 형식으로 정리하는 것도 좋다. 정리가 끝나면 아이가 좋아하는 맛있는 간식을 같이 먹으며 성취감과 행복감을 느끼게 해주면 더욱 좋다. 아이도 정리가 되어 있으면 원하는 것을 빨리 찾을 수 있고 보기에도 좋다는 것을 자연스럽게 배우게 된다. 이렇게 바로바로 정리하도록 어릴 때부터 습관을 들이는 것이 좋다. 정리가 잘되어 있으면 집중력이 좋아져 공부도 잘되기 때문이다.

정리를 잘하도록 습관을 들이기 위해서는 물건의 자리를 정해줘야 한다. 정리를 하고 싶어도 마땅한 공간이 없다면 여기에 쌓여 있던 것들을 저쪽에 쌓아 놓는 꼴이 되어 정리하지 않은 것이나 마찬가지가 되고 만다. 필요 없는 물건들은 아이의 의견을 충분히 들은 후 과감하게 버리고, 꼭 필요한 물건들만 따로 수납공간을 정해 놓고 정리하도록 유도해야 한다. 동선을 고려하여 수납공간을 효율적으로 배치하고, 각 수납공간마다 라벨을 붙여두어 아이 혼자서도 제자리를 찾아 정리할 수 있도록 해야 한다.

EBS 〈60분 부모〉 '행복한 육아' 편에서는 공부 효율을 높이기 위한 아이 공부방을 꾸미는 방법을 다음과 같이 소개하고 있다. 먼저 책상은 종합적인 사고를 하는 곳이므로 가급적 큰 책상을 쓰는 것이 좋다. 또 책상의 위치가 방문을 등지게 되면 누가 나를 감시하거나 지켜보고 있는 느낌이 들어 집중에 방해가 되므로 책상이 방문을 등지지 않도록 놓는다. 책상은 서랍이 없는 것이 좋은데, 서랍이 있을 경우 다리가 불편할 수 있기 때문이다. 다리가 편해야 책상에 오래 앉아 있고 싶어진다. 의자는 아이의 키에 맞추고, 마지막으로 조명을 잘 이용한다. 형광등과 같은 직접조명은 위쪽에 두어 어둡지 않도록 하고, 스탠드와 같은 간접조명은 아이의 왼쪽에 놓도록 한다.

여기에 덧붙이자면 아이가 초등 3~4학년의 중학년 때까지는 거실에 가족학습공간을 마련하여 온 가족이 다 같이 사용하는 것이 좋다. 보통은 서랍이 없는 넓은 식탁을 가족책상으로 사용한다. 이 글을 읽는 부모들 중에는 '내가 무슨 이 나이에 공부를 해야 하나? 아이 때문에 이게 무슨 시집살이냐?'라고 거부감을 느낄 수도 있다. 그러나 가족학습공간에서 꼭 공부만 하는 것은 아니다. 그곳에서 책이나 신문을 읽어도 좋고 가계부를 써도 좋다. 부모도 책을 읽으며 아이의 숙제를 봐주면 아이는 자기 혼자만 힘들게 공부해야 한다는 억울함이 사라진다. 또 부모가 학습공간에서 이런저런 작업을 한 뒤 책이나 신문, 가계부 등을 제자리에 정리하는 것을 몸소 보여주어 자연스럽게 배울 수 있도록 유도한다. 그러면 아이 역시 숙제나 공부를 하고 바로바로 가방에 넣거나 공부방 책꽂이에 꽂는 등 정리하는 습관을 익힐 수 있다.

정리는 날을 정해서 한 번에 하는 것보다 꾸준히 하는 것이 중요하다. 아이와 매일 10분 정도의 정리시간을 규칙적으로 정하는 것이 좋다. 그래서 그 시간만큼은 온 가족이 정리하는 시간임을 알고 실천하는 것이 아이의 정리 습관 형성에 도움이 된다. 정리정돈은 단순히 깨끗하고 보기 좋은 환경을 만드는 데에만 목적이 있는 것이 아니다.

정리정돈은 학습과도 밀접한 관계가 있다. 남학생이든 여학생이든 정리정돈을 잘하는 학생은 수업시간에도 잘 집중한다. 집중을 잘하기 때문에 주어진 수업시간 동안 마쳐야 할 활동을 빨리 끝낸다. 다른 아이들이 여전히 주어진 활동을 하는 동안 자유롭게 자투리 시간을 활용할 수 있다. 그 시간에 책을 읽는다든지 예습, 복습 또는 숙제를 미리 하기도 한다. 그러면 아이들은 그만큼의 시간을 더 버는 것이다. 즉, 공간 정리를 잘하는 아이들이 시간활용도 잘하는 결과를 낳는다.

내 아이가 정리정돈을 어려워한다면 하루에 한 가지씩, 하루에 10분씩 조금씩 정리하는 습관을 키울 수 있도록 도와줘야 한다. "세 살 버릇 여든 간다"라는 속담은 근거 없는 말이 아니다. 나중에 크면 다 알아서 할 것이라고 쉽게 지나칠 문제가 아님을 명심하자.

7

의존성이 강한
아이

의존성이 강한 아이가 되는 이유

내가 담임을 맡는 학급에서는 항상 학생들에게 독서를 강조한다. 요즘에는 학교 도서관이 잘 갖춰져 있어서 도서관 책을 대출해서 읽도록 권하고 있다. 어느 날, 우리 반 아이들에게 점심시간에 도서관에서 책을 한 권씩 빌려오게 했다. 밥을 먹고 교실에 와보니 다른 아이들은 모두 도서관에 가고 없는데, 혜원이와 다른 친구 한 명만 남아 있었다. 그런데 자세히 보니 혜원이의 표정이 좋지 않았다.

혜원이를 불러 무슨 일인지 물어보았다. 혜원이는 아무 말도 못하고 있고 옆에 따라 나온 친구가 대신 하는 말이, 예전에 도서관에서 빌린

책을 잃어버려서 도서관 대출이 금지되었다는 것이었다. 아마도 연체가 되어 대출이 안 되는 모양이었다. 혜원이에게 "그 책이 어디에 있는 것 같아? 집에 있어?"라고 한마디만 물었을 뿐인데도 아이는 소리 없이 주르륵 눈물을 흘렸다. 야단을 친 것도 아닌데, 울기 시작해서 물어보는 내가 더 놀랐다.

방과 후에 혜원이의 엄마와 전화 상담을 하니, "걔가 원래 하고 싶은 말은 못하고 잘 울어요. 그래서 제가 '저거, 저거 또 우네' 하면서 놀릴 때가 많아요. 눈물이 워낙 많아서 저도 걱정이 되긴 해요." 엄마는 혜원이의 행동이 흔한 일처럼 말했다. 그러나 상담과정 중 혜원이를 대하는 엄마의 태도에 문제가 있음을 알 수 있었다. 아이가 마음이 여리고 감성이 풍부해 눈물이 많은 것을 엄마는 그 마음을 다독여주지 못하고 "덩치가 산만한 게 또 우네!"라는 식으로 놀리기만 했다.

혜원이는 선생님에게 꼭 해야 할 말도 제 스스로 하지 못하고 친구가 대신 해줘야 했다. 체육 시간의 준비물인 줄넘기를 가져오지 않았을 때, 숙제를 잘 못해왔을 때, 수업시간 만들기 활동 중 모르는 것이 있을 때도 항상 친구가 대신 혜원이의 말을 전달해주고는 했다. 가정에서 부모에게 제대로 인정받지 못하고 항상 핀잔을 듣던 혜원이는 학교에서도 스스로 자기 일을 하지 못하고 의존적인 성격이 되어버렸다.

보통 의존적인 아이들은 타고난 성격 때문이기도 하지만 부모의 영향도 크다. 부모의 성격이 급하고 완벽주의적 성향이 있는 경우 아이를 기다려주거나 실수를 인정하지 못하기 때문이다. 아이는 아이대로 최선을 다하고 있는데도 부모의 눈에는 성에 차지 않기 쉽다. 이런 경우 "빨리 좀 해! 왜 이렇게 느려!"라고 재촉하는 엄마의 성화에 더 기가 죽는다. 몇 번 그런 식으로 실패의 경험을 겪고 나면 그다음부터는 쉽게 시도할 용기를 내지 못한다. 엄마에게 핀잔을 듣기 싫어서 "나 못해. 엄마가 좀 해줘"라고 엄마에게 떠넘기게 된다. 실컷 열심히 했는데 엄마의 눈에 잘한 것 같지 않아서 "에이, 이건 이렇게 해야지"라고 고쳐주곤 하면 아이 역시 '난 해도 안 되는구나'라는 좌절감만 쌓이게 된다. 이 두 가지의 경우 모두 아이들이 자신감을 잃게 되고 점점 의존적이 되어간다.

아이들은 자신감이 충만한 상태로 태어난다. 자신이 하는 모든 것은 최고의 작품이라고 느낀다. 그러나 아이가 커가면서 부모의 잣대와 세상의 잣대로 아이의 작품을 비교하기 시작하면서 아이의 자신감 풍선은 점차 바람이 빠져나간다. 결국 무엇이든지 부모의 손길을 통해서만 안심을 하게 된다. 이런 결과는 부모가 만들기 시작한 것이다. 그럼에도 불구하고 부모들은 처음 잘못된 시작을 깨닫지 못하고 아이가 너무 의존적인 성격이라고 걱정을 한다.

과연 아이들이 스스로 의존적인 성격이 되었을까? 학교 정규 수업 후에 '방과 후 학교' 프로그램에 가는 아이들을 대상으로 방과 후 프로그램을 선택한 이유를 물어보았다. 우리 반 학생 26명 중 17명이 방과 후 학교 프로그램에 참여했고, 그중 41퍼센트에 해당하는 일곱 명만이 자신이 하고 싶은 프로그램을 선택했다고 한다. 나머지 59퍼센트에 해당하는 열 명은 엄마가 골라주는 프로그램에 참석한다고 답했다.

사소한 일에서도 아이의 선택을 존중해주어라

"수학을 잘하게 된다고 주산암산 들으래요."
"엄마가 국어 잘해야 한다고 독서논술 신청하래요."
"저는 만들기 하고 싶은데, 엄마가 과학탐구 들으래요."
아이들의 대답과 조사 결과에 적잖이 놀랐다. 초등 저학년 때는 아이들의 관심과 흥미를 고려해 방과 후 학교 수업을 선택하는 것이 기본이다. 그렇게 선택한다고 해서 아이의 성적에 큰 영향을 끼치지는 않는다. 그럼에도 부담 없이 재미있게 배워야 할 방과 후 학교 수업마저 엄마의 뜻대로 선택한다면 아이들은 도대체 무엇을 스스로 선택할 수 있을까? 현실이 이렇다 보니 교내에서 실시하는 대회 참가 여부도 스스로 결정하지 못하고 "엄마한테 물어보고요"라며 판단을 미루는 아이들이 많아진다. 아이들에게 스스로 선택할 수 있도록 기회를 주지 않고 의존적인 성격으로 키우는 것은 다른 사람이 아닌 바로 부모다.

국회방송 김보영 아나운서가 쓴 『대한민국 대표엄마 11인의 자녀교육법』 중에는 쇼핑호스트 유난희의 육아와 자녀교육법도 소개되어 있다. 우리나라 대표 쇼핑호스트 및 명품 판매로 유명한 유난희는 아이들이 어렸을 때부터 사소한 일도 스스로 선택하도록 키우려고 노력했다고 한다. 그녀는 "책을 읽어라, 공부해라!"라고 잔소리하는 대신 아이들과 서점에 같이 가서 아이들이 보고 싶어 하는 책을 마음껏 보게 했다. 아이들은 한참 동안 이 책 저 책 뒤적이며 실컷 보다가 집에 갈 시간이 되면 한 아름의 책을 계산대에 올려놓았다. 엄마의 입장에서는 사주고 싶지 않은 책들도 있었지만 아이들이 스스로 고른 책은 되도록 모두 사주었다. 그렇게 아이들이 다양한 책을 읽으면서 점차 스스로 좋은 책을 고르는 눈이 생겼고, 시간이 흐르자 엄마가 굳이 말을 하지 않아도 유치한 책은 알아서 멀리하게 되었다.

평소 아이들의 선택을 존중하는 유난희는 그에 따른 책임의 중요성도 강조했다.

"아이들이 자신이 공부하고 싶은 분야를 스스로 선택하고 즐겁게 보내기를 바라기 때문에 필요하다면 유학도 보낼 수 있다. 그러나 아이들이 가고 싶은 학교, 입학에 필요한 서류 등 모두 본인 스스로 알아보고 준비해야 한다"고 말했다. 아이들에게 자유를 허락하고 스스로 선택할 수 있는 기회를 줌으로써 시행착오를 충분히 겪을 수 있는 시간을 줘야 한다. 이런 과정에서 아이들 스스로 옳고 그름과 좋고 나쁨을 구별할 수 있는 판단력이 생기고 선택 능력이 향상된다. 스스로 선택할 수 있을 때 아이들은 의존적인 성격을 고칠 수 있다. 아이의 선택에 부모가 잘잘못을 따지지 않을 때라야만 아이 스스로 선택할 수 있게 된다.

교육심리학자 에릭슨이 제시한 8단계의 아동기의 발달 중 3단계에 해당하는 4~6세의 아이들은 자기주도성 VS. 죄책감을 경험하게 된다.

아이 스스로 입을 옷과 신발을 고르고, 놀이를 선택하고, 또래와의 상
호작용에서 자기주장도 하게 된다. 때로 이 단계를 건강하게 보내지 못
하고 부모의 주도 아래 아이의 선택이 제한된다면 아이는 자기주도성
이 위축되고 죄책감을 느끼게 된다. 아이가 커서도 스스로 결정하지 못
하고 부모에게 선택을 미룬다면 이 시기에 자기주도성 발달이 제대로
이루어지지 못한 것이다. 지금이라도 아이들에게 선택하고 결정할 수
있는 자유를 주자. 아이들이 스스로의 주인이 될 수 있도록 결정권을
돌려주자.

처음에는 많은 시행착오를 겪겠지만 그럴수록 부모가 여유로운 마
음을 갖고 느긋하게 기다려줘야 한다. 그렇게 함으로써 아이 역시 실패
를 통한 경험에서 깨달음을 얻고, 비로소 부모에게 의존하는 습관을 벗
어던질 수 있다. 30대에도 부모의 품을 벗어나지 못하는 '캥거루족'은
부모가 초래한 결과임을 잊어선 안 된다.

8

발달이 느린 아이

학교에서 아이들과 생활하다 보면 또래 아이들에 비해 말이 늦은 아이, 성장이 더딘 아이, 사회성 발달이 느린 아이들을 종종 보게 된다. 아이가 또래 아이들보다 말이 늦거나 신체 발달이 더딘 경우 부모의 마음은 답답하기만 하다. 다른 아이들보다 앞서지는 못할망정 뒤처지기를 바라는 부모는 아무도 없기 때문이다. 아이의 느린 발달은 부모에게 만만치 않은 육아 스트레스로 다가온다.

3월 초, 신입생들의 안전한 하교를 위해 교문 앞까지 아이들을 인솔해 가던 중 우리 반 주성이 엄마를 만났다. 아이들을 보내고 주성이 엄마와 교문 옆에 서서 잠시 이야기를 나누었다. 아직 입학한 지 얼마 되지는 않았지만 주성이의 말이 늦고 불분명하게 들려서 어려움이 있다고 말씀드렸다. 그랬더니 아니나 다를까 주성이가 여섯 살이 되어서야 겨우 말을 하기 시작했다는 것이다.

그간의 이야기를 들어보니, 아이가 말을 늦게 배운 데에는 엄마의 영향이 컸다. 급한 성격인 엄마는 주성이가 말 한마디 한마디를 너무 늦게 말하는 것이 답답했다고 한다. 목이 마를 것 같으면 "뭐, 물 달라고? 여기 물!" 하고 물을 먹이고, 장난감이 필요한 것 같으면 아이의 눈빛과 표정만으로도 아이의 필요를 알고 즉각 갖다주었다고 한다. 이렇게 여섯 살이 될 때까지 아이가 말을 할 필요도 없이 엄마가 모든 것을 해주었단다.

주성이 엄마도 자신의 조급함과 과잉보호로 아이에게 자기 의사를 표현할 기회를 주지 않아 말이 늦어졌다며 후회하고 있었다. 그 때문에 주성이의 입학을 늦추는 문제를 심각하게 고민하기도 했다고 한다. 주성이 엄마의 얘기를 듣고 보니 주성이가 말이 늦은 이유가 비로소 이해되었다.

그 후 학급에서 주성이에게 우선적으로 말을 할 수 있는 상황을 자주 만들어주려고 노력했다. 발표나 역할극 등의 교과활동뿐만 아니라 다른 학생에게 직접 전달할 사항 중 간단한 것들은 주성이를 통해 전달하도록 했다. 가정과 학교, 엄마와 교사가 합심해서 노력한 덕분일까? 한 달간의 여름방학을 마치고 2학기 때 만난 주성이는 훨씬 말이 많아지고 자연스러워졌다. 친구들에게 하고 싶은 말도 많이 하고 억울하거나 화나는 일이 있어도 참지 않고 표현했다. 또한 자신이 하고 싶은 것을 당당히 표현할 수 있다는 생각에 자신감도 눈에 띄게 향상되었다. 2학기 내내 주성이는 항상 밝게 웃었고 선생님인 나에게도 당당하게 말하는 모습이 기특하고 대견스러웠다.

아이의 성장과 발달이 느리면 부모도 스트레스를 받지만 아이 역시 그에 못지않게 스트레스를 받을 수밖에 없다. 빨리빨리 말하라고, 빨리빨리 기고 걷고 뛰라고 채근하는 부모 앞에서 아이는 불안을 느끼게 된다. 혹시나 말하다가 틀리지는 않을까, 혹시나 뛰어내리다가 넘어지는 않을까 하는 불안감이 눈덩이처럼 점점 더 커지게 된다. 부모의 조급함과 완벽함이 아이의 실수를 받아주지 않고 여유롭게 기다려주지 않는다면 아이는 한 걸음 더 나아가기를 포기해버리고 말 것이다. 주성이 또한 엄마의 빨리빨리 말하라는 채근에 오히려 입을 다물어버린 경우다.

아이들의 일기 맞춤법을 절대 고쳐주지 않는 이유

한 계단 한 계단 오를 때도 그네를 탈 때도 아이에게는 자기만의 기준이 있다. 아이는 또래 아이들과 비교하지 않는 자신만의 기준을 세우고 조금씩 조금씩 성취해 나간다. 충분히 성취감을 느낀 아이는 그제야 다음 단계로 나아갈 수 있게 된다. 그런데 그 숙성의 시간을 기다리지 못하고 "이게 뭐가 무서워? 다른 애들 다 뛰는데. 얼른 해봐!"라며 몰아붙이다면 아이는 결코 뛸 수 없게 된다.

나는 1학년 아이들이 교과서나 공책 또는 학습지에 활동 내용을 적을 때는 틀린 글자의 맞춤법을 고쳐주며 바른 글자를 알려준다. 그러나 단 한 가지, 맞춤법을 고쳐주지 않는 것이 있다. 바로 일기다. 일기는 하루에 있었던 일들 중 가장 기억에 남는 일을 자신의 생각과 느낌을 담아 자세하게 쓰는 것이다. 숙제로 써온 일기를 검사할 때 일기장을 보면 엄마가 아이의 일기를 검사하며 맞춤법을 고쳐준 경우가 간혹 있다. 때로는 한 번 쓴 내용을 지우개로 전부 지우고 다른 내용으로 다시 쓴 경우도 있다. 아이가 일기를 쓸 때 엄마가 옆에서 지켜보고 있다든지, 다 쓴 후 엄마에게 검사를 맡든지 하는 경우다.

각별히 주의해야 할 일은 그렇게 맞춤법을 틀려서 자꾸 글자를 고치게 된다면 결국 아이는 글자를 틀릴까 봐 자신의 생각을 제대로 쓸 수 없게 된다는 점이다. 한 글자 한 글자 쓸 때마다 맞춤법에 신경 써야 하는 데다 아는 글자 내에서만 내용을 쓰려 하다 보니 얼마 지나지 않아 표현의 한계에 부닥치게 된다. 그래서 매번 일기에 '어떤 놀이를 했다. 참 재미있었다'라는 똑같은 표현만 반복하게 된다. 일기는 자신의 생각과 느낌을 자유롭게 쓸 수 있도록 하는 것이 본래의 취지다. 그러나 맞춤법 때문에 가장 중요한 목적을 놓치게 된다면 이는 주객이 바뀐 상황이 되고 만다.

아이의 말이 느린 것도 마찬가지다. 아이가 말이 늘기 시작하는 시기에는 하고 싶은 표현을 마음껏 할 수 있는 상황을 적극적으로 만들어 주어야 한다. 그런데 아이가 하는 말 하나 하나를 바로잡는다면 아이는 틀리게 말할까 봐 겁이 나서 더 이상 말을 할 수 없게 된다. 아이의 언어나 신체 발달도 중요하지만 학교생활에서는 사회성 발달이 더 중요하다. 왜냐하면 학교는 장차 어른이 되어 사회생활을 할 때 필요한 덕목을 배우는 곳이며, 시민으로서의 자질을 배우고 나 혼자가 아닌 다른 아이들과 한데 어우러져 생활하고 작게나마 집단 사회생활을 경험하는 곳이기 때문이다.

엄마의 잘못된 육아방식이 아이의 성장을 늦춘다

유치원이나 어린이집을 다닌 후에 초등학교에 입학하는 경우가 대부분임에도 불구하고 아직까지 집단생활에 잘 적응하지 못하는 아이들이 간혹 있다. 이런 아이들은 모둠친구들과 서로 양보하며 협동해야 하는 활동을 어려워하고 혼자 하는 활동을 더 좋아한다. 모둠친구들과 함께 협동화를 그릴 때도 아이들과 애초에 상의한 대로 하지 않고 자기가 그리고 싶은 대로 그린다. 가게 놀이를 할 때도 모둠끼리 서점을 하기로 정했는데, 자기 혼자 장난감을 팔기도 한다. 모둠 점수가 걸려 있는 체육 시간에도 협동해야 한다는 규칙을 어기고 혼자만 달려가서 점수를 얻지 못하기도 한다.

이렇게 나 홀로 생활만 고집하는 아이는 당연히 친구들과의 관계가 어려울 수밖에 없다. 집에 가서 "친구들이 나랑 안 놀아줘"라고 하소연하면 부모들은 우리 아이가 왕따를 당하나 싶어 걱정부터 앞선다. 아이의 생일날 반 친구들을 초대해 생일파티를 한다고 해서 어려워진 교우관계가 해결되지는 않는다. 이런 경우에는 문제 해결을 위해 부모의 정확한 판단이 중요하다.

아이가 친구들과의 관계에서 자꾸 다투거나 같이 노는 친구가 없다는 얘기를 듣는다면 우선은 아이의 속상하고 상처 입은 마음을 공감해주어야 한다. 충분히 보듬어주고 아이의 이야기를 들어준 다음 친구들과의 일상생활을 물어 문제의 원인을 찾아보아야 한다. 또한 학령기의 아이들은 자신에게 유리한 부분만 말하기도 하고, 혼날 것에 대비해 말을 부풀리거나 없는 말을 지어내기도 하므로 잘 판단해야 한다. 그리고 아이의 학교생활에 대해 제일 잘 아는 사람은 담임교사이므로 담임교사와 먼저 상담해야 한다. 학교 방문이 어려운 경우에는 언제든 전화로 상담이 가능하므로 어렵게 생각할 필요가 없다.

내 아이의 문제점을 정확히 알아야 지혜롭게 해결할 수 있다. 부모가 아이를 이기적으로 키웠을 수도 있다. 예를 들어 아이가 먹는 모습만 봐도 가정에서 어떤 교육을 받고 자랐는지 알 수 있다. 자기 자신만 소중히 생각하며 이기적으로 자란 아이는 맛있는 음식을 친구들과 나눠 먹을 줄 모른다. 그래야 한다고 배워본 적이 없기 때문이다. 이런 사소한 문제들이 쌓여 아이가 전반적으로 자기중심적인 생활을 하게 되기 쉽다.

　이렇게 아이가 사회성 발달이 늦어 혼자만 아는 이기적인 생활을 한다면 이 또한 부모의 노력으로 해결할 수 있다. 매일매일 식사 시간에 밥상머리교육으로 바로잡을 수도 있고 아이와 놀이를 할 때나 산책할 때 등의 시간을 이용해 편안한 대화로 교육할 수 있다.

　친구들과 사이좋게 지내야 한다는 것을, 집단생활에서는 자기 의견만 내세우며 고집을 부리면 안 된다는 것을 친구의 입장에서 생각해보도록 끊임없이 아이와 대화해야 한다. 아이가 또래 아이들보다 발달이 느린 경우 부모는 속상하고 답답할 수밖에 없다. 그러나 속상하고 답답한 마음을 내려놓고 발달이 느린 원인을 먼저 생각해보고 해결해야 한다. 언어나 사회성 발달 모두 부모의 양육방식과 가정생활이 일차적 원인인 경우가 대부분이다. 언어나 신체발달이 조금 더딘 경우에는 느긋한 마음으로 아이를 기다려줘야 한다. 부모의 채근과 잘못된 육아방식이 아이의 성장을 늦출 수도 있음을 잊지 말자.

1판 1쇄 발행 2015년 3월 31일

지은이 ｜ 엄윤희
펴낸이 ｜ 박철준
펴낸곳 ｜ 갈대상자
출판등록 ｜ 2008년 7월 8일(제313-2008-110호)
주소 ｜ 서울시 마포구 동교로 18길 33, 201(서교동, 그린홈)
전화 ｜ 02)325-6743　팩스 ｜ 02)324-6743
전자우편 ｜ papyrusbasket@gmail.com

ISBN ｜ 978-89-962150-7-3 13590

* 잘못된 책은 구입하신 곳에서 바꾸어 드립니다.
* 이 도서의 국립중앙도서관 출판시도서목록(CIP)은 서지정보유통지원시스템 홈페이지
  (http://seoji.nl.go.kr)와 국가자료공동목록시스템(http://www.nl.go.kr/kolisnet)에서
  이용하실 수 있습니다.(CIP제어번호 : CIP2015003427)